小城镇园林建设丛书

园林工程技术培训教材

园林工程项目管理

吴戈军　主编

化学工业出版社

·北京·

《园林工程项目管理》全面介绍了园林工程项目概述、园林工程项目招标与投标、园林工程项目的管理组织、园林工程项目施工准备和设计、园林工程项目的生产要素管理、园林工程项目施工管理、园林工程项目合同管理、园林工程项目的竣工验收、园林绿化工程项目管理等内容。

本书可作为高职高专园林技术、园林工程技术等专业的教材，还可作为园林管理人员、工程技术人员等的学习参考书。

图书在版编目（CIP）数据

园林工程项目管理/吴戈军主编. —北京：化学工业出版社，2015.12(2020.1重印)
(小城镇园林建设丛书　园林工程技术培训教材)
ISBN 978-7-122-25284-5

Ⅰ.①园…　Ⅱ.①吴…　Ⅲ.①园林-工程施工-项目管理-技术培训-教材　Ⅳ.①TU986.3

中国版本图书馆 CIP 数据核字（2015）第 233240 号

责任编辑：袁海燕　　文字编辑：李　曦
责任校对：宋　夏　　装帧设计：关　飞

出版发行：化学工业出版社（北京市东城区青年湖南街 13 号　邮政编码 100011）
印　　装：北京七彩京通数码快印有限公司
850mm×1168mm　1/32　印张 9½　字数 258 千字
2020 年 1 月北京第 1 版第 6 次印刷

购书咨询：010-64518888
售后服务：010-64518899
网　　址：http://www.cip.com.cn
凡购买本书，如有缺损质量问题，本社销售中心负责调换。

定　　价：35.00 元

《园林工程项目管理》

编写人员

主编

吴戈军

参编

邵　晶　齐丽丽　成育芳　李春娜　蒋传龙

王丽娟　邵亚凤　王红微　白雅君

前言

园林作为一种行业，才刚刚引起社会广泛重视，发展空间还相当大。目前专业人才需求正朝着多层次和多样化方向发展，技术结构已经表现出由劳动密集型向技术密集型方向转变的趋势。关键的因素就是需要具有操作能力、管理能力、观察能力和解决问题能力的专业高等技术应用人才。

项目管理是组织通过有限资源的有效计划、组织、控制来实现管理目的，最终保证项目目标实现的系统管理方法。园林项目管理体系是否先进，以及项目管理业务和技术水平的高低，都直接影响到园林工程建设的经济和社会效益。因此，系统地学习园林工程项目管理，提高读者项目管理水平，更好地满足园林绿化事业的社会需求就显得非常必要，希望本书的策划出版能提供有益的借鉴和帮助。

《园林工程项目管理》共九章，内容主要包括园林工程项目概述、园林工程项目招标与投标、园林工程项目的管理组织、园林工程项目施工准备和设计、园林工程项目的生产要素管理、园林工程项目施工管理、园林工程项目合同管理、园林工程项目的竣工验收、园林绿化工程项目管理。为了便于读者对所学知识的思考与巩固，本书在各章后均附有思考题。本书内容充实、图文并茂、简明易懂。

本书可作为高职高专园林技术、园林工程技术等专业教材，还可作为园林管理人员、工程技术人员等的学习参考书。

本书在编写过程中，编写人员尽管尽心尽力，但不当之处在所难免，敬请广大读者批评指正，以便及时修订与完善。

编者

2015 年 10 月

目录

1.1 工程项目概述

1.1.1 园林工程项目

(1) 园林工程项目的概念

园林工程项目是指园林建设领域中的项目。一般园林工程项目是指为某种特定的目的而进行投资建设并含有一定建筑或建筑安装工程的园林建设项目。

(2) 园林工程项目系统

① 单项工程：指具有独立文件的、建成后可以独立发挥生产能力或效益的一组配套齐全的项目。单项工程从施工的角度看就是一个独立的交工系统，因此，一般单独组织施工和竣工验收。

② 单位工程：是单项工程的组成部分。一般指一个单体的建筑物、构筑物或种植群落。一个单位工程往往不能单独形成生产能力或发挥工程效益。例如，植物群落单位工程必须与地下排水系统、地面灌溉系统、照明系统等单位工程配套，形成一个单项工程交工系统，才能投入生产使用。

③ 分部工程：是工程按单位工程部位划分的组成部分，即单位工程的进一步分解。如地基与基础、主体结构、建筑装饰装修、建筑屋面、建筑给排水等。

④ 分项工程：一般是按工种划分的，是形成项目产品的基本部件或构件的施工过程。如模板、钢筋、混凝土和砖砌体。

（3）园林工程项目的特点

园林工程项目是特定的过程，具有以下特点。

① 系统性。任何工程项目都是一个系统，具有鲜明的系统特征。园林工程项目管理者必须树立起系统观念，用系统的观念分析工程项目。系统观念强调全局，即必须考虑工程项目的整体需要，进行整体管理；系统观念强调目标，把目标作为系统，必须在整体目标优化的前提下进行系统的目标管理；系统观念强调相关性，必须在考虑各个组成部分的相互联系和相互制约关系的前提下进行工程项目的运行与管理。园林工程项目系统包括：工程系统、结构系统、目标系统、关联系统等。

② 一次性。园林工程项目的一次性不仅表现在这个特殊过程有确定的开工和竣工时间，还表现为建设过程的不可逆性、设计的唯一性、生产的单件性和项目产出物位置的固定性等。

③ 功能性。每一个园林工程项目都有特定的功能和用途，这是在概念阶段策划并决策，在设计阶段具体确定，在实施阶段形成，在结束阶段必须验收交付的。

④ 露天性。园林工程项目的实施大多在露天进行，这一过程受自然条件影响大，活动条件艰难、变化多，组织管理工作繁重且复杂，目标控制和协调活动困难重重。

⑤ 长期性。园林工程项目生命周期长，从概念阶段到结束阶段，少则数月，多则数年乃至数十年。园林工程产品的使用周期也很长，其自然寿命主要是由设计寿命和植物自然生命期决定的。

⑥ 高风险性。由于园林工程项目体形庞大，需要投入的资源多，生命周期很长，投资额巨大，风险自然也很大。另外，种植工程是活生命体的施工，其资源采购、运输条件、种植地环境和气候等都构成园林工程项目的高风险性。在园林工程项目管理中必须突出风险管理，积极预防投资风险、技术风险、自然风险和资源风险。

1.1.2 园林施工项目

（1）园林施工项目的概念

园林施工项目是园林建筑企业对一个园林建筑产品的施工过程及最终成果，也就是园林企业的生产对象。它可能是一个园林项目的施工及成果，也可能是其中的一个单项工程或单位工程的施工及成果。这个过程的起点是投标，终点是保修期满。

从园林施工项目的特征来看，只有单位园林工程、单项园林工程和园林建设项目的施工任务才称得上园林施工项目，因为单位园林工程是建筑企业的最终产品。分部、分项园林工程不是建筑企业完整的最终产品，因此不能称作园林施工项目。

（2）园林施工项目的特征

① 园林施工项目是园林建设项目或其中的单项工程或单位工程的施工任务。

② 园林施工项目作为一个管理整体，是以园林建筑企业为管理主体的。

③ 园林施工项目任务的范围是由园林工程承包合同界定的。

④ 园林施工所形成的产品具有多样性、固定性、体积庞大的特点。

1.1.3 园林项目管理

（1）园林项目管理的概念

园林项目管理是指在一定的约束条件下（在规定的时间和预算费用内），为达到园林项目目标要求的质量，而对园林项目所实施的计划、组织、指挥、协调和控制的过程。

一定的约束条件是制订园林项目目标的依据，也是对园林项目控制的依据。园林项目管理的目的就是保证项目目标的实现。园林项目管理的对象是项目，由于项目具有单件性和一次性的特点，要求园林项目管理具有针对性、系统性、程序性和科学性。只有用系统工程的观点、理论和方法对园林项目进行管理，才能保证园林项目的顺利完成。

（2）园林项目管理的特征

① 每个项目具有特定的管理程序和管理步骤。园林项目的一次性、单件性决定了每个项目都有其特定的目标，而园林项目管理的内容和方法要针对园林项目目标而定，园林项目目标的不同决定了每个项目都有自己的管理程序和步骤。

② 园林项目管理是以项目经理为中心的管理。由于园林项目管理具有较大的责任和风险，其管理涉及人力、技术、设备、材料、资金等多方面因素，为了更好地进行计划、组织、指挥、协调和控制，必须实施以项目经理为中心的管理模式。在园林项目实施过程中应授予项目经理较大的权力，以使其能及时处理园林项目实施过程中出现的各种问题。

③ 应用现代管理方法和技术手段进行园林项目管理。现代项目的大多数属于先进科学的产物或者是一种涉及多学科的系统工程，要使园林项目圆满地完成，就必须综合运用现代化管理方法和科学技术，如决策技术、网络计划技术、价值工程、系统工程、目标管理、样板管理等。

④ 园林项目管理过程中实施动态控制。为了保证园林项目目标的实现，在项目实施过程中采用动态控制的方法，阶段性地检查实际完成值与计划目标值的差异，采取措施纠正偏差，制订新的计划目标值，使园林项目的实施结果逐步向最终目标逼近。

1.1.4 园林工程项目管理

（1）园林工程项目管理的概念

园林工程项目管理是指在一定的约束条件下（在规定的时间和预算费用内），以最优的实现园林项目目标为目的，对园林项目进行有效的计划、控制、组织、协调、指挥的系统管理活动。

一定的约束条件是制订园林项目目标的依据，也是对园林项目控制的依据。园林项目管理的目的就是保证项目目标的实现。园林项目管理的对象是项目，由于项目具有单件性和一次性的特点，要求园林项目管理具有针对性、系统性、程序性和科学性。只有用系统工程的观点、理论和方法对园林项目进行管理，才能保证园林项目的顺利完成。

（2）园林工程项目管理过程

战略策划过程→配合管理过程→与范围有关的过程→与时间有关的过程→与成本有关的过程→与资源有关的过程→与人员有关的过程→与沟通有关的过程→与风险有关的过程→与采购有关的过程。

（3）园林工程项目管理模式

① 建设单位自行组织建设。在工程项目的全生命周期内，一切管理工作都由建设单位临时组建的管理班子自行完成。这是一种小生产方式，常常只有一次性的教训，很难形成经验的积累。

② 工程指挥部模式。这种模式将军事指挥方式引入到生产管理中。工程指挥部代表行政领导，用行政手段管理生产，此种模式下的项目实施难以全面符合生产规律和经济规律的要求。

③ 设计—招标—建造模式。这是国际上最为通用的模式，世界银行援助或贷款项目、FIDIC施工合同条件、我国的工程项目法人责任制等都采用这种模式。这种模式的特点是：建设单位进行工程项目的全过程管理，将设计和施工过程通过招标发包给设计单位和施工单位完成，施工单位通过竣工验收交付给建设单位工程项目产品。这种模式具有长期积累的丰富管理经验，有利于合同管理、风险管理和节约投资。

④ CM模式。CM模式是一种新型管理模式，不同于设计完成后进行施工发包的模式，而是边设计边发包的阶段性发包方式，可以加速建设速度。

它有以下两种类型。第一种是代理型。在这种模式下，业主、业主委托的CM经理和建筑师组成联合小组，共同负责组织和管理工程的规划、设计和施工，CM经理对规划设计起协调作用，完成部分设计后即进行施工发包，由业主与承包人签订合同，CM 经理在实施中负责监督和管理，CM 经理与业主是合同关系，与承包人是监督、管理与协调的关系。第二种是非代理型。CM 单位以承包人的身份参与工程项目实施，并根据自己承包的范围进行分包的发包，直接与分包人签订合同。

⑤ 管理承包（MC）模式。MC 模式是业主直接找一家公司进行管理承包，并签订合同。设计承包人负责设计，施工承包人负责施工、采购和对分包人进行管理。设计承包人和施工承包人与管理承包人签订合同，而不与业主签订合同。这种方式加强了业主的管理，并使施工与设计做到良好结合，可缩短建设期限。

⑥ BOT 模式。BOT 模式即建造—运营—移交模式，又称为“特许经营权融资方式”。它适用于需要大量资金进行建设的工程项目。为了获得足够的资金进行工程项目建设，政府开放市场，吸收外来资金，授给工程项目公司以特许权，由该公司负责融资和组织建设，建成后负责运营和偿还贷款，在特许期满时将工程无条件移交给政府。这种形式的优点是：既可解决资金不足，又可强化全过程的项目管理，大大提高工程项目的整体效益。

（4）园林工程项目管理的任务

① 合同管理。园林工程合同是业主和参与项目实施各主体之间明确责任、权利关系的具有法律效力的协议文件，也是运用市场经济体制、组织项目实施的基本手段。从某种意义上讲，园林项目的实施过程就是园林工程合同订立和履行的过程。一切合同所赋予的责任、权利履行到位之日，也就是园林工程项目实施完成之时。

园林工程合同管理主要是指对各类园林合同的依法订立过程和履行过程的管理，包括合同文本的选择，合同条件的协商、谈判，合同书的签署，合同履行、检查、变更，违约、纠纷的处理，总结评价等。

② 组织协调。组织协调是实现园林项目目标必不可少的方法

和手段。在园林项目实施过程中，各个项目参与单位需要处理和调整众多复杂的业务组织关系。

③ 目标控制。目标控制是园林项目管理的重要职能，它是指园林项目管理人员在不断变化的动态环境中为保证既定计划目标的实现而进行的一系列检查和调整活动。园林工程项目目标控制的主要任务就是在项目前期策划、勘察设计、施工、竣工交付等各个阶段采用规划、组织、协调等手段，从组织、技术、经济、合同等方面采取措施，确保园林项目总目标的顺利实现。

④ 风险管理。风险管理是一个确定和度量项目风险，以及制订、选择和管理风险处理方案的过程。其目的是通过风险分析减少项目决策的不确定性，以便决策更加科学，并在项目实施阶段保证目标控制的顺利进行，更好地实现园林项目质量、进度和投资目标。

⑤ 信息管理。信息管理是园林工程项目管理的基础工作，是实现项目目标控制的保证。只有不断提高信息管理水平，才能更好地承担起项目管理的任务。

园林工程项目的信息管理是对园林工程项目的各类信息的收集、储存、加工整理、传递与使用等一系列工作的总称。信息管理的主要任务是及时、准确地向项目管理各级领导、各参与单位及各类人员提供所需的综合程度不同的信息，以便在项目进展的全过程中动态地进行项目规划，迅速正确地进行各种决策，并及时检查决策执行的结果，反映园林工程实施中暴露出的各类问题，为项目总目标服务。

⑥ 环境保护。项目管理者必须充分研究和掌握国家和地区有关环保的法规和规定，对环保方面有要求的园林工程建设项目，在项目可行性研究和决策阶段必须提出环境影响报告及其对策措施，并评估其措施的可行性和有效性，严格按建设程序向环保管理部门报批。在园林项目实施阶段，做到主体工程与环保措施工程同步设计、同步施工、同步投入运行。在园林工程施工承发包中，必须把依法做好环保工作列为重要的合同条件加以落实，并在施工方案的审查和施工过程中始终把落实环保措施、克服建设公害作为重要的

内容予以密切关注。

（5）园林工程项目管理的分类

① 按管理层次分。

a. 宏观项目管理。政府作为主体对项目活动进行的管理。

b. 微观项目管理。项目法人或其他参与主体。

② 按管理范围和内涵不同层次分。

a. 广义项目管理。包括从投资意向、项目建议书、可行性研究、建设准备、设计、施工、竣工验收到项目后期评估的全过程管理。

b. 狭义项目管理。从项目可行性研究报告批准后到项目竣工验收、建设准备、设计、施工、竣工验收到项目后期评估的全过程管理。

③ 按管理主体不同分。

a. 建设方项目管理。

b. 监理方项目管理。

c. 承包方项目管理。总承包方项目管理、设计方项目管理、施工方项目管理、供应方项目管理。

（6）园林项目管理的特征

① 每个项目具有特定的管理程序和管理步骤。园林项目的一次性、单件性决定了每个项目都有其特定的目标，而园林项目管理的内容和方法要针对园林项目目标而定，园林项目目标的不同决定了每个项目都有自己的管理程序和步骤。

② 园林项目管理是以项目经理为中心的管理。由于园林项目管理具有较大的责任和风险，其管理涉及人力、技术、设备、材料、资金等多方面因素，为了更好地进行计划、组织、指挥、协调和控制，必须实施以项目经理为中心的管理模式。在园林项目实施过程中应授予项目经理较大的权利，以使其能及时处理园林项目实施过程中出现的各种问题。

③ 应用现代管理方法和技术手段进行园林项目管理。现代项目的大多数属于先进科学的产物，或者是一种涉及多种学科的系统工程，要使园林项目圆满地完成，就必须综合运用现代化管理方法

和科学技术，如决策技术、网络计划技术、价值工程、系统工程、目标管理、样板管理等。

④ 园林项目管理过程中实施动态控制。为了保证园林项目目标的实现，在项目实施过程中采用动态控制的方法，阶段性地检查实际完成值与计划目标值的差异，采取措施纠正偏差，制订新的计划目标值，使园林项目的实施结果逐步走向最终。

1.1.5 园林施工项目管理

（1）园林施工项目管理的概念

园林施工项目管理是指建筑企业运用系统的观点、理论和方法对园林施工项目进行的决策、计划、组织、控制、协调等全过程的全面管理。

（2）园林施工项目管理的特征

① 园林施工项目管理的主体是建筑企业。建设单位和设计单位都不能进行园林施工管理，它们对项目的管理分别称为园林建设项目管理、园林设计项目管理。

② 园林施工项目管理的对象是园林施工项目。园林施工项目管理周期包括园林工程投标、签订施工合同、施工准备、施工以及交工验收、保修等。由于施工项目的多样性、固定性及体形庞大等特点，园林施工项目管理具有先有交易活动后有生产成品，生产活动和交易活动很难分开等特殊性。

③ 园林施工项目管理的内容是按阶段变化的。由于园林施工项目各阶段管理内容差异大，因此要求管理者必须进行有针对性的动态管理，使资源优化组合，以提高施工效率和效益。

④ 园林施工项目管理要求强化组织协调工作。由于园林施工项目生产活动具有独特性（单件性）、流动性、露天工作、工期长、需要资源多等特点，且施工活动涉及复杂的经济关系、技术关系、法律关系、行政关系和人际关系，因此，必须通过强化组织协调工作才能保证施工活动顺利进行。主要强化办法是优选项目经理，建立调度机构，配备称职的调度人员，努力使调度工作科学化、信息化，建立动态的控制体系。

1.1.6 工程项目管理法律法规体系构成简介

(1) 工程项目管理法律法规体系构成

按立法权限分为以下5个层次。

① 建设法律:《中华人民共和国规划法》《中华人民共和国合同法》《中华人民共和国招标投标法》《中华人民共和国劳动法》《中华人民共和国安全生产法》。

② 建设行政法规:由国务院依法制定并颁布的属于中华人民共和国住房和城乡建设部主管业务范围内的各种法规。如《建设工程质量管理条例》《建设工程勘察设计管理条例》等。

③ 建设部部门规章:指中华人民共和国住房和城乡建设部或与国务院有关部门联合制定并发布的规章。如《房屋建筑和市政基础设施工程施工招标投标管理办法》《工程建设项目施工招标投标管理办法》等。

④ 地方性建设法规:指由省、市、自治区、直辖市人大及其常委会制定并发布的建设方面的规章。

⑤ 地方性建设规章:指由省、市、自治区、直辖市以及省会城市和经国务院批准的较大城市的人民政府制定并颁布建设方面的规章。

(2) 工程项目管理技术标准体系

工程项目管理技术标准由国家制定或认可,由国家强制力保证其实施的有关规划、勘查、设计、施工、安装、检测、验收等的技术标准、规范、规程、条例、办法、定额等规范性文件。如《建筑工程施工质量验收统一标准》《建筑施工安全检查标准》《网络计划技术标准》《建设工程项目管理规范》《建设工程监理规范》《建设工程工程量清单计价规范》和《工程网络计划技术规程》等。

建设技术法规体系包括强制性和推荐性两类。

① 强制性标准。涉及工程结构质量和生命安全,具有法规性、强制性和权威性,必须执行。

② 推荐性标准。具有规定性、权威性和推荐性,推荐执行。工程项目管理技术标准,按适用范围分四级:国家级、部(委)

级、省（直辖市、自治区）级和企业级。

1.2 项目与项目管理

1.2.1 项目

（1）项目

项目是一个特殊的将被完成的有限任务，它是在一定时间内，满足一系列特定目标的多项相关工作的总称。

① 共同点：项目是在限定条件下，为完成特定目标要求的一次性任务。

② 含义

a. 项目是一项有待完成的任务；

b. 项目是在一定的组织机构内，利用有限资源（人、财、物等）在规定的时间内完成的任务；

c. 项目任务要满足一定性能、质量、数量、技术指标等要求。

（2）项目的特点

① 独立性；

② 一次性；

③ 目标性和约束性；

④ 生命周期性；

⑤ 系统性；

⑥ 多面性。

1.2.2 项目管理

（1）项目管理的产生和发展

① 潜意识的项目管理阶段（远古～20 世纪 30 年代）。

② 传统的项目管理阶段（20 世纪 30 年代初期～20 世纪 50 年代初期）。

③ 项目管理的传播和现代化阶段（20 世纪 50 年代初期～20 世纪 70 年代初期）。

④ 项目管理的发展阶段（20 世纪 70 年代末至今）。

（2）项目管理的概念

① 项目管理：是指以项目为对象，通过一个临时性的专门的柔性组织，在既定的约束条件下，对项目进行有效的计划、组织、指挥、控制，以实现项目全过程的动态管理以及项目目标的综合协调和优化的系统管理活动。

② 现代项目三维管理

a. 时间维；

b. 知识维；

c. 保障维。

（3）项目管理的特点

① 管理对象是项目。

② 管理组织具有特殊性，表现为：临时性；柔性；组织结构趋于扁平化。

③ 管理思想是系统工程思想。

④ 管理方式是目标管理。

⑤ 管理要点是创造和保持使项目顺利进行的环境。

⑥ 对项目经理有特殊要求。

1.2.3 项目管理知识体系

（1）项目的动态管理

项目的动态管理依项目的进程分为：需求确定、项目选择、项目计划、项目执行、项目监控、项目评价和项目扫尾。

（2）项目的静态管理

项目的静态管理根据项目进程各阶段的特点和所面临的主要问题，项目知识领域包括：

① 综合集成管理；

② 项目范围管理；

③ 时间管理；

④ 成本管理；

⑤ 质量管理；

⑥ 人力资源管理；

⑦ 沟通管理；

⑧ 风险管理；

⑨ 采购管理。

1.3 思 考 题

1. 园林工程项目的特征是什么？

2. 什么是园林工程项目管理？园林工程项目管理的步骤是什么？

3. 项目管理有哪些知识体系？

4. 项目管理有哪些特点？

5. 园林工程项目管理有哪些分类方式？

2.1 园林工程项目招标

2.1.1 招标的分类

（1）按工程项目建设程序分类

根据园林工程项目建设程序，招标可分为三类，即园林工程项目开发招标、园林工程勘察设计招标和园林工程施工招标。

① 园林工程项目开发招标。园林工程项目开发招标是建设单位（业主）邀请工程咨询单位对建设项目进行可行性研究，其“标的物”是可行性研究报告。中标的工程咨询单位必须对自己提供的研究成果认真负责，可行性研究报告应得到建设单位认可。

② 园林工程勘察设计招标。园林工程勘察设计招标是指招标单位就拟建园林工程勘察和设计任务发布通告，以法定方式吸引勘察单位或设计单位参加竞争。经招标单位审查获得投标资格的勘察、设计单位，按照招标文件的要求，在规定的时间内向招标单位填报投标书，招标单位从中择优确定中标单位完成工程勘察或设计任务。

③ 园林工程施工招标。园林工程施工招标投标则是针对园林工程施工阶段的全部工作开展的招投标，根据园林工程施工范围大小及专业不同，可分为全部工程招标、单项工程招标和专业工程招标等。

(2) 按工程承包的范围分类

① 园林项目总承包招标。这种招标可分为两种类型：一种是园林工程项目实施阶段的全过程招标；另一种是园林工程项目全过程招标。前者是在设计任务书已经审完，从项目勘察、设计到交付使用进行一次性招标。后者是从项目的可行性研究到交付使用进行一次性招标，业主提供项目投资和使用要求及竣工、交付使用期限。其可行性研究、勘察设计、材料和设备采购、施工安装、职工培训、生产准备和试生产、交付使用都由一个总承包商负责承包，即所谓“交钥匙工程”。

② 园林专项工程承包招标。在对园林工程承包招标中，对其中某项比较复杂或专业性强、施工和制作要求特殊的单项工程，可以单独进行招标，称为专项工程承包招标。

(3) 按园林工程建设项目的构成分类

按照园林工程建设项目的构成，可以将园林建设工程招标投标分为全部园林工程招标投标、单项工程招标投标、单位工程招标投标、分部工程招标投标、分项工程招标投标。全部园林工程招标投标，是指对园林工程建设项目的全部工程进行的招标投标。单项工程招标投标，是指对园林工程建设项目中所包含的若干单项工程进行的招标投标。单位工程招标投标，是指对一个园林单项工程所包含的若干单位工程进行的招标投标。分部工程招标投标，是指对一个园林单位工程所包含的若干分部工程进行的招标投标。分项工程招标投标，是指对一个园林分部工程所包含的若干分项工程进行的招标投标。

2.1.2 招标的条件

园林工程项目招标必须符合主管部门规定的条件。这些条件分为招标人即建设单位应具备的条件和招标的工程项目应具备的条件两个方面。

(1) 建设单位招标应当具备的条件

① 招标单位是法人或依法成立的其他组织。

② 有与招标工程相适应的经济、技术、管理人员。

③ 有组织招标文件的能力。

④ 有审查投标单位资质的能力。

⑤ 有组织开标、评标、定标的能力。

不具备上述②～⑤项条件的，须委托具有相应资质的咨询、监理等单位代理招标。上述五项条件中，①、②两项是对招标单位资格的规定，③～⑤项则是对招标人能力的要求。

（2）招标的工程项目应当具备的条件

① 概算已获批准。

② 建设项目已经正式列入国家、部门或地方的年度固定资产投资计划。

③ 建设用地的征用工作已经完成。

④ 有能够满足施工需要的施工图纸及技术资料。

⑤ 建设资金和主要建筑材料、设备的来源已经落实。

⑥ 已经由建设项目所在地规划部门批准，施工现场“三通一平”已经完成或一并列入施工招标范围。

对不同性质的园林工程项目，招标的条件可有所不同或有所偏重，见表 2-1 所示。

表 2-1 园林工程项目性质不同导致招标条件有所不同

序号	园林工程项目	招标条件
1	园林建设工程勘察设计	①设计任务书或可行性研究报告已获批准 ②具有设计所必需的可靠基础资料
2	园林工程施工	①园林工程已列入年度投资计划 ②建设资金(含自筹资金)已按规定存入银行 ③园林工程施工前期工作已基本完成 ④有持证设计单位设计的施工图纸和有关设计文件
3	园林工程监理	①设计任务书或初步设计已获批准 ②工程建设的主要技术工艺要求已确定
4	园林工程材料设备供应	①建设项目已列入年度投资计划 ②建设资金(含自筹资金)已按规定存入银行 ③具有批准的初步设计或施工图设计所附的设备清单,专用、非标设备应有设计图纸、技术资料等
5	园林工程总承包	①计划文件或设计任务书已获批准 ②建设资金和地点已经落实

2.1.3 招标方式及选择

招标方式分为公开招标和邀请招标两种。

(1) 公开招标

公开招标是指招标人以招标公告的方式邀请不特定的法人或者其他组织投标，采用这种形式，可由招标单位通过国家指定的报刊、信息网络或其他媒介发布，招标公告应当载明招标人的名称和地址，招标项目的性质、数量，实施地点和时间以及获取招标文件的办法等事项。不受地区限制，各承包企业凡是对此感兴趣者，一律机会均等。通过按国家对投标人的资格条件的预审后的投标人，都可积极参加投标活动。招标单位则可在众多的承包企业中优选出理想的施工承包企业为中标单位。招标人也可根据项目本身要求，在招标公告中，要求潜在投标人提供有关资质证明文件和业绩情况。

公开招标的优点是可以给一切有法人资格的承包商以平等竞争机会参加投标。招标单位有较大的选择范围，有助于开展竞争，打破垄断，能促使承包商努力提高工程（或服务）质量，缩短工期和降低造价。但是，建设单位审查投标者资格及其标书的工作量比较大，招标费用支出也多。

(2) 邀请招标

邀请招标是指招标人以投标邀请书的方式邀请特定的法人或其他组织投标。应当向三个以上具备承担招标项目能力、资信良好特定的法人或其他组织发出投标邀请书。同样在邀请书中应当载明招标人的名称，招标项目的性质、数量，实施地点和时间以及获取招标文件的办法等事宜。应注意国务院发展计划部门确定的国家重点项目和省、自治区、直辖市人民政府确定的地方重点项目不宜公开招标。但经相应各级政府批准，可以进行邀请招标。

采用邀请招标的方式，由于被邀请参加竞争的投标者为数有限，不仅可以节省招标费用，而且能提高每个投标者的中标概率，所以对招标投标双方都有利。不过，这种招标方式限制了竞争范围，把许多可能的竞争者排除在外，被认为不完全符合自由竞争机会均等的原则。

(3) 区别

公开招标和邀请招标，既是我国法定的招标方式，也是目前世界上通行的招标方式。这两种方式的主要区别如下。

① 邀请和发布信息的方式不一样。公开招标采用刊登资格预审公告或招标公告的形式；邀请招标不发布招标公告，只采用投标邀请书的形式。

② 选择和邀请的范围不一样。公开招标采用招标公告的形式，针对的是一切潜在的对招标项目感兴趣的法人或者其他组织，招标人事先不知道投标人的数量，也不填写投标人名单，范围宽广；邀请招标只针对已经了解的法人或者其他组织，事先已经知道潜在投标人的数量，要填写投标人、投标单位具体名单，范围要比公开招标窄得多。

③ 发售招标文件的限制不一样。公开招标时，凡愿意参加投标的单位都可以购买招标文件，对发售单位不受限制；邀请招标时，只有已接到投标邀请书并表示愿意参加投标的邀请单位，才能购买招标文件，对发售单位受到严格限制。

④ 竞争程度不一样。由于公开招标使所有符合条件的法人或其他组织都有机会参加投标，竞争的范围较广，竞争性体现得也比较充分，招标人拥有选择的余地较宽，容易获得良好的招标效果。邀请招标中，投标人的数量有限，竞争的范围也窄，招标人拥有的选择余地相对较小，工作稍有不慎，有时可能提高中标的合同价，如果市场调查不充分，还有可能将某些在技术上或报价上更有竞争力的供应商或承包商遗漏在外。

⑤ 公开程度不一样。公开招标中，所有的活动都必须严格按照预先指定并为大家所知的程序、标准和办法公开进行，大大减少了作弊的可能性；相比而言，邀请招标的公开程度远不如公开招标，若不严格监督管理，产生不法行为的机会也就多一些。

⑥ 时间和费用不一样。邀请招标不发招标公告，招标文件只售有限的几家，使整个招投标的过程时间大大缩短，招标费用也相应减少；公开招标的程序比较复杂、范围广、工作量大，因而所需

时间较长，费用也比较高。

⑦ 政府的控制程度与管理方式不一样。政府对国家重点建设项目、地方重点项目以及机电设备国际招标中采用邀请招标的方式是要进行严格控制的。国家重点建设项目的邀请招标须经国家发展计划部门批准，地方重点项目须得到省级人民政府批准。机电设备在进行国际招标时，对国家管理的必须招标产品目录内的产品，如若需要采用邀请招标的方式，必须事前得到外经贸部的批准。公开招标则没有这方面的限制。

公开招标和邀请招标的七个不一样中，最重要的实质性的区别是竞争程度不一样，公开招标要比邀请招标的竞争程度强得多，效果好。

(4) 园林工程招标方式的选择

与邀请招标相比，公开招标可以在较大的范围内优选中标人，有利于投标竞争，然而，公开招标花费的费用较高、时间较长。因此，采用何种形式招标应在招标准备阶段进行认真研究，主要分析哪些项目对投标人有吸引力，可以在市场中展开竞争。对于明显可以展开竞争的项目，应首先考虑采用打破地域和行业界限的公开招标。

为了符合市场经济要求和规范招标人的行为，《中华人民共和国建筑法》规定："依法必须进行施工招标的工程，全部使用国有资金投资或者国有资金投资占控股或主导地位的，应当公开招标。"《招标投标法》进一步明确规定："国务院发展计划部门确定的国家重点项目和省、自治区、直辖市人民政府确定的地方重点项目不适宜公开招标的，经国务院发展计划部门或者省、自治区、直辖市人民政府批准，可以进行邀请招标。"采用邀请招标方式时，招标人应当向三个以上具备承担该工程施工能力、资信良好的施工企业发出投标邀请书。

采用邀请招标的项目通常属于以下几种情况之一：

① 涉及保密的工程项目。

② 专业性要求较强的工程，一般施工企业缺少技术、设备和经验，采用公开招标响应者较少。

③ 工程量较小、合同金额不高的施工项目，对实力较强的施工企业缺少吸引力。

④ 地点分散且属于劳动密集型的施工项目，对外地域的施工企业缺少吸引力。

⑤ 工期要求紧迫的施工项目，没有时间进行公开招标。

2.1.4 招标程序

建设工程施工招标一般程序，如图 2-1 所示。

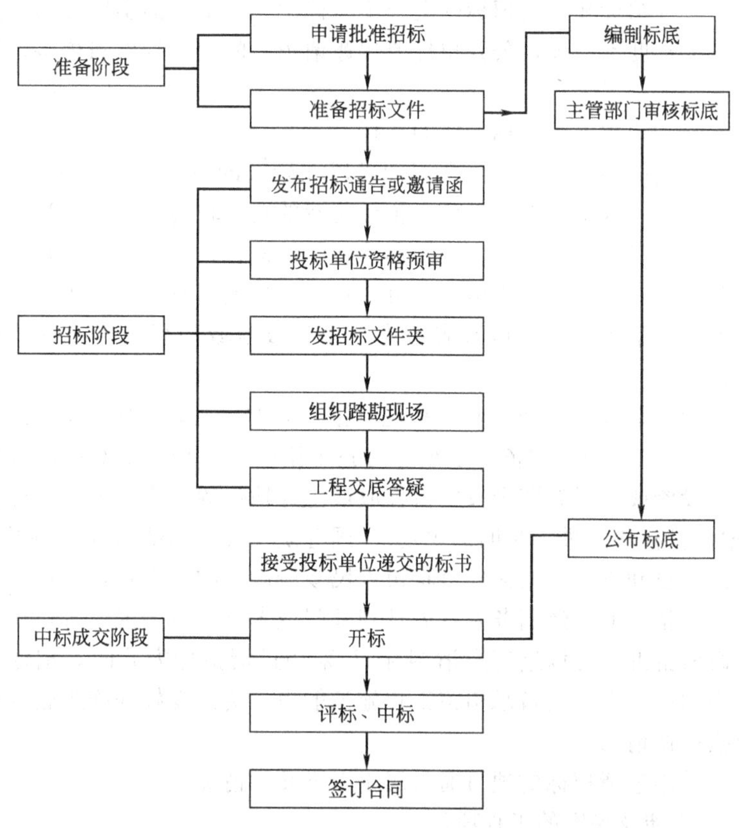

图 2-1 工程施工招标一般程序

招标准备阶段和招标阶段的一般工作有以下几方面。

（1）向政府招标投标提出招标申请

申请主要内容是：第一，园林建设单位的资质；第二，招标工程项目是否具备了条件；第三，招标拟采用的方式；第四，对投标企业的资质要求；第五，初步拟订的招标工作日程等。

（2）建立招标班子，开展招标工作

在招标申请被批准后，园林建设单位应组织临时性招标机构，统一安排和部署招标工作。招标机构工作人员的组成，一般由分管园林建设或基建的领导同志负责，由工程技术、预算、物资供应、财务、质量等部门派人组成，具体人数可根据招标项目的规模和工作繁简而定。工作人员必须懂业务、懂管理和作风正派，在招标过程中必须保守机密，不得泄露标底。

招标工作机构的主要任务是：根据招标项目的特点和需要，编制招标文件。负责向招标管理机构办理招标文件的审批手续；组织或委托标底的编制，按规定报有关单位审查，报招标投标管理机构审定；发布招标公告或邀请书，对投标单位进行资质审查，发放招标文件、图纸和技术资料、组织潜在投标人踏勘项目现场并答疑；提出评标委员会名单，向招标投标管理机构核准；发出中标通知；退还押金；组织签订承包合同；其他该办理的事项。

（3）编制招标文件

招标文件是招标单位行动的指南，也是投标企业必须遵循的准则，招标文件应当包括招标项目的技术要求、对投标人资格审查标准、投标报价要求和评标标准等所有实质性要求以及拟签订合同的主要条款（如招标项目需要划分标段），则应在标书文件中载明。

（4）标底的编制和审定

（5）发布招标公告或招标邀请书

（6）投标申请

投标人应当具备承担招标项目的能力，具有国家规定的投标人的资格条件。

（7）审查投标企业的资质

在投标申请截止后对申请投标的企业进行资质审查。审查的主要内容包括投标企业营业执照、企业资质等级证书、工程技术人员和管理人员、企业拥有的施工机械设备等是否符合承担本工程的要求。同时还应考察其承担过的同类工程质量、工期及合同履约情况。审查合格后，通知其参加投标，不合格的通知其停止参加工程招标活动。

(8) 分发招标文件，包括设计图纸和技术资料

向资质审查合格的投标企业分发招标文件（包括设计图纸和有关技术资料等），同时向招标单位交纳投标保证金。

(9) 踏勘现场及答疑

招标文件发出之后，招标单位应按规定日程，按时组织投标企业踏勘施工现场，介绍现场准备情况。还应召开专门会议对工程进行交底，解答投标企业对招标文件、设计图纸等提出的疑点和有关问题。交底或答疑的主要问题，应以纪要或补充文件形式书面通知所有投标企业，以便投标企业在编制标书时掌握同一标准。纪要或补充文件具有与招标文件同等效力。

(10) 接受标书（投标）

投标企业应按招标文件的要求认真组织编制标书，标书编好密封后，按招标文件规定的投标截止日期前，送达招标单位。招标单位应逐一验收，出具收条，并妥善保存，开标前任何单位和个人不准启封标书。

2.1.5 标底和招标文件

(1) 标底

标底是招标工程的预期价格。标底的作用：一是使建设单位预先明确自己在拟建工程上应承担的财务义务；二是给上级主管部门提供核实投资规模的依据；三是作为衡量投标报价的准绳，也就是评标的主要尺度之一。工程施工招标必须编制标底。标底由招标单位自行编制或委托主管部门认定具有编制标底能力的咨询、监理单位编制。标底必须报经招标投标办事机构审定。标底一经审定应密封保存至开标时，所有接触过标底的人员均负有保密责任，不得泄露。

① 编制标底应遵循的原则。

a. 根据设计图纸及有关资料、招标文件，参照国家规定的技术、经济标准定额及规范，确定工程量和编制标底。

b. 标底价格应由成本、利润、税金组成，一般应控制在批准的总概算（或修正概算）及投资包干的限额内。

c. 标底价格作为建设单位的期望计划价，应力求与市场的实际变化吻合，要有利于竞争和保证工程质量。

d. 标底价格应考虑人工、材料、机械台班等价格变动因素，还应包括施工不可预见费、包干费和措施费等。工程要求优良的，还应增加相应费用。

e. 一个工程只能编制一个标底。

② 标底的编制方法：标底的编制方法与工程概、预算的编制方法基本相同，但应根据招标工程的具体情况，尽可能考虑下列因素，并确切反映在标底中。

a. 根据不同的承包方式，考虑适当的包干系数和风险系数。

b. 根据现场条件及工期要求，考虑必要的技术措施费。

c. 对建设单位提供的以暂估价计算但可按实调整的材料、设备，要列出数量和估价清单。

d. 主要材料数量可在定额用量基础上加以调整，使其反映实际情况。

③ 在实践中应用的标底编制方法主要有以下三种。

a. 以施工图预算为基础，即根据设计图纸和技术说明，按预算定额规定的分部分项工程子目，逐项计算出工程量，再套用定额单价确定直接费，然后按规定的系数计算间接费、独立费、计划利润以及不可预见费等，从而计算出工程预期总造价，即标底。

b. 以概算为基础，即根据扩大初步设计和概算定额计算工程造价。概算定额是在预算定额基础上将某些次要子目归并于主要工程子目之中，并综合计算其单价。用这种方法编制标底可以减少计算工作量，提高编制工作效率，且有助于避免重复和漏项。

c. 以最终成品单位造价包干为基础。这种方法主要适用于采用标准设计大量兴建的工程，如通用住宅、市政管线等。一般住宅工程按每平方米建筑面积实行造价包干；园林建设中的植草工程、喷灌工程也可按每平方米面积实行造价包干。具体工程的标底即以此为基础，并考虑现场条件、工期要求等因素来确定。

（2）招标文件

招标文件是作为建设项目需求者的建设单位向可能的承包商详细阐明项目建设意图的一系列文件，也是投标单位编制投标书的主要客观依据。通常包括下列基本内容。

① 工程综合说明。其主要内容包括：工程名称、规模、地址、发包范围、设计单位、场地和地基土质条件（可附工程地质勘察报告和土壤检测报告）、给排水、供电、道路及通信情况以及工期要求等。

② 设计图纸和技术说明书。目的在于使投标单位了解工程的具体内容和技术要求，能据以拟定施工方案和进度计划。设计图纸的深度可与招标阶段相应的设计阶段而有所不同。园林建设工程初步设计阶段招标，应提供总平面图，园林用地竖向设计图，给排水管线图，供电设计图，种植设计总平面图，园林建筑物、构筑物和小品单体平面、立面、剖面图和主要结构图，以及装修、设备的做法说明等。施工图阶段招标，则应提供全部施工图纸（可不包括大样）。技术说明书应满足下列要求。

a. 必须对工程的要求做出清楚而详尽的说明，使各投标单位能有共同的理解，能比较有把握地估算出造价。

b. 明确招标工程适用的施工验收技术规范，保修期及保修期内承包单位应负的责任。

c. 明确承包单位应提供的其他服务，诸如监督其他承包商的工作，防止自然灾害的特别保护措施、安全保护措施。

d. 有关专门施工方法及指定材料产地或来源以及代用品的说明。

e. 有关施工机械设备、临时设施、现场清理及其他特殊要求的说明。

2.1.6 招标公告

按照规定，招标人采用公开招标方式的，应当发布招标公告。

依法必须进行招标的园林工程项目的招标公告，应当通过国家指定的报刊、信息网络或者其他媒介发布。招标人以招标公告的方式邀请不特定的法人或者其他组织投标是公开招标的一个最显著的特性。

园林工程招标公告的内容主要包括以下几点。

① 招标人的名称、地址以及联系人的姓名、电话，如果是委托代理机构进行招标的，还应注明该委托代理机构的名称和地址。

② 园林工程情况简介，其中主要包括项目名称、建设规模、工程地点、质量要求以及工期要求。

③ 承包方式：材料、设备供应方式。

④ 对投标人资质的要求及应提供的有关文件。

⑤ 招标日程安排。

⑥ 招标文件的获取办法，包括发售招标文件的地点、文件的售价及开始和截止出售的时间。

《中华人民共和国房屋建筑和市政工程标准施工招标文件》(2010 年版)（以下简称《行业标准施工招标文件》）中推荐使用的招标公告样式，见表 2-2 所示。园林工程招标公告的样式可参照此进行编制。

表 2-2　招标公告（未进行资格预审）格式范例

招标公告(未进行资格预审) ________(项目名称)________标段施工招标公告
1. 招标条件
本招标项目________(项目名称)已由________(项目审批、核准或备案机关名称)以________(批文名称及编号)批准建设，招标人(项目业主)为________，建设资金来自________(资金来源)，项目出资比例为________。项目已具备招标条件，现对该项目的施工进行公开招标。
2. 项目概况与招标范围
________[说明本次招标项目的建设范围地点、规模、合同估算价、计划工期、招标范围、标段划分(如果有)等]。
3. 投标人资格要求
3.1　本次招标要求投标人须具备________资质，________(类似项目描述)业绩，并在人员、设备、资金等方面具有相应的施工能力，其中，招标人拟派项目经理须具备________专业________级注册建造师执业资格，具备有效的安全生产考核合格证书，且未

续表

担任其他在施建设工程项目的项目经理。

3.2 本次招标________(接受或不接受)联合体投标。联合体投标时应满足下列要求：________。

3.3 各投标人均可就本招标项目上述标段中的________(具体数量)个标段投标，但最多允许中标________(具体数量)个标段(适用于分标段的招标项目)。

4. 招标报名

凡有意参加投标者，请于____年____月____日至____年____月____日(法定公休日、法定节假日除外)，每日上午____时至____时，下午____时至____时(北京时间，下同)，在____________(有形建筑市场/交易中心名称及地址)报名。

5. 招标文件的获取

5.1 凡通过上述报名者，请于____年____月____日至____年____月____日(法定公休日、法定节假日除外)，每日上午____时至____时，下午____时至____时(北京时间，下同)，在____________(详细地址)持单位介绍信购买招标文件。

5.2 招标文件每套售价________元，售后不退。图纸押金________元，在退还图纸时退还(不计利息)。

5.3 邮购招标文件时，需另加手续费(含邮费)________元。招标人在收到单位介绍信和邮购款(含手续费)后________日内寄送。

6. 投标文件的递交

6.1 投标文件递交的截止时间(投标截止时间，下同)为____年____月____日____时____分，地点为________________(有形建筑市场/交易中心名称及地址)。

6.2 逾期送达的或者未送达指定地点的投标文件，招标人不予受理。

7. 发布公布的媒介

本次招投标公告同时在________________(发布公告的媒介名称)上发布。

8. 联系方式

招 标 人：________________　　招标代理机构：______________
地　　址：________________　　地　　址：________________
邮　　编：________________　　邮　　编：________________
联 系 人：________________　　联 系 人：________________
电　　话：________________　　电　　话：________________
传　　真：________________　　传　　真：________________
电子邮件：________________　　电子邮件：________________
网　　址：________________　　网　　址：________________
开户银行：________________　　开户银行：________________
账　　号：________________　　账　　号：________________

____年____月____日

2.2 开标、评标、决标、中标

2.2.1 开标

园林工程开标是指招标人将所有投标人的投标文件启封揭晓。开标应当在招标通告中约定的地点，招标文件确定的提交投标文件截止时间的同一时间公开进行。开标由招标人主持，邀请所有投标人参加。开标时，要当众宣读投标人名称、投标价格、有无撤标情况以及招标单位认为合适的其他内容。

(1) 开标时间和开标地点

① 开标时间。开标时间及提交投标文件截止时间应为同一时间，其时间应具体确定到某年某月某日的几时几分，并应在招标文件中明示。

招标人和招标代理机构必须按照招标文件中的规定，按时开标，不得擅自提前或拖后开标，更不能不开标就进行评标。

② 开标地点。开标地点可以是招标人的办公地点或指定的其他地点，且开标地点应在招标文件中具体明示。开标地点应具体确定到要进行开标活动的房间，以便于投标人和有关人员准时参加开标。

若招标人需要修改开标的时间和地点，则应以书面形式通知所有招标文件的收受人。招标文件的澄清和修改均应在通知招标文件收受人的同时，报工程所在地的县级以上地方人民政府建设行政主管部门备案。

(2) 开标程序

开标时，由投标人或者其推选的代表检查投标文件的密封情况，也可以由招标人委托的公证机构检查并公证；经确认无误后，由工作人员当众拆封，宣读投标人名称、投标价格和投标文件的其他主要内容。招标人在招标文件要求提交投标文件的截止时间前收到的所有投标文件，开标时都应当当众予以拆封、宣读。开标过程应当记录，并存档备查。

园林工程开标的基本程序如下。

① 主持人通常按下列程序进行开标。

a. 宣布开标纪律。

b. 公布在投标截止时间前递交投标文件的所有投标人名称，并点名确认投标人是否派人到场。

c. 宣布开标人、唱标人、记录人、监标人等有关人员姓名。

d. 按照“投标人须知”前附表规定检查投标文件的密封情况。

e. 按照“投标人须知”前附表的规定确定并宣布投标文件开标顺序。

f. 设有标底的，公布标底。

g. 按照宣布的开标顺序当众开标，公布投标人名称、投标保证金的递交情况、投标报价、质量目标、工期及其他内容，并记录在案。

h. 规定最高投标限价计算方法的，计算并公布最高投标限价。

i. 投标人代表、招标人代表、监标人、记录人等有关人员在开标记录上签字确认。

j. 主持人宣布开标会议结束，进入评标阶段。

② 具有下列情况之一者，其投标文件可判为无效，并不能进入评标阶段。

a. 投标文件未按照招标文件的要求予以密封。

b. 投标文件中的投标函未加盖投标人的企业及企业法定代表人印章，或者企业法定代表人委托代理人没有合法、有效的委托书及委托代理人盖章。

c. 投标文件的关键内容字迹模糊、无法辨认。

d. 投标人未按照招标文件的要求提供投标保函或者投标保证金。

e. 投标文件未按规定的时间、地点送达。

f. 组成联合体投标，其投标文件却未附联合体各方共同投标协议。联合体各方必须指定牵头人，授权其代表所有联合体成员负责投标和合同实施阶段的主办、协调工作，并应向招标人提交由所有联合体成员法定代表人签署的授权书。此外联合体投标，应当在联合体各方或者联合体中牵头人的名义提交投标保证金。以联合体中牵头人名义提交的投标保证金，对联合体各成员具有约束力。

(3) 开标的主要内容

① 密封情况检查。由投标人或者其推选的代表，当众检查投标文件密封情况。若招标人委托了公证机构对开标情况进行公证，也可以由公证机构检查并公证。若投标文件未密封或存在拆开过的痕迹，则不能进入后续的程序。

② 拆封。招标人或者其委托的招标代理机构的工作人员，应当对所有在投标文件截止时间之前收到的合格的投标文件，在开标现场当众拆封。

③ 唱标。经检查密封情况完好的投标文件，由工作人员当众逐一启封，当场高声宣读各投标人的投标要素（如名称、投标价格和投标文件的其他主要内容），视为唱标。这主要是为了保证投标人及其他参加人了解所有投标人的投标情况，增加开标程序的透明度。

开标会议上，一般不允许提问或作任何解释，但允许记录或录音。投标人或其代表应在会议签到簿上签名以证明其在场。

在招标文件要求提交投标文件的截止时间前收到的所有投标文件（已经有效撤回的除外），其密封情况被确定无误后，均应向在场者公开宣布。开标后，不得要求也不允许对投标进行实质性修改。

④ 会议过程记录长期存档。唱标完毕，开标会议即结束。

招标人对开标的整个过程需要做好记录，形成开标记录或纪要，并存档备查。开标记录一般应记载以下事项，并由主持人和其他工作人员签字确认：开标日期、时间、地点；开标会议主持者；出席开标会议的全体工作人员名单；招标项目的名称、招标号、标号或标段号；到场的投标人代表和各有关部门代表名单；截标前收到的标书、收到日期和时间及其报价一览表；对截标后收到的投标文件（如果有的话）的处理；其他必要的事项等。

开标记录表格式范例，见表2-3。

表 2-3 ________（项目名称）开标记录表

开标时间：____年____月____日____时____分

序号	投标人	密封情况	投标保证金	投标报价/元	质量标准	工期	备注	签名
投标人编制的标底/最高限价								

投标人代表：________ 记录人：________ 监标人：________

____年____月____日

⑤ 无效的投标。投标单位法定代表人或授权代表未参加开标会议的视为自动弃权。投标文件有下列情形之一的将视为无效。

a. 投标文件未按照招标文件的要求予以密封的。

b. 投标文件中的投标函，未加盖投标人的企业及企业法定代表人印章的，或者企业法定代表人委托代理人没有合法、有效的委托书（原件）及委托代理人印章的。

c. 投标文件的关键内容字迹模糊、无法辨认的。

d. 投标人未按照招标文件的要求提供投标保函或者投标保证金的。

e. 组成联合体投标的，投标文件未附联合体各方共同投标协议的。

f. 逾期送达。对未按规定送达的投标书，应视为废标，原封退回。但对于因非投标者的过失（因邮政、战争、罢工等原因）而在开标之前未送达的，投标单位可考虑接受该迟到的投标书。

2.2.2 评标

(1) 园林工程评标

园林工程评标是指按照规定的评标标准和方法，对各投标人的投标文件进行评价、比较和分析，从中选出最佳投标人的过程。评标是招标投标活动中十分重要的阶段，评标决定着整个招标投标活动的公平和公正与否。评标的质量决定着能否从众多投标竞争者中选出最能满足招标项目各项要求的中标者。

(2) 评标原则

评标原则是招标投标活动中相关各方应遵守的基本规则。每个具体的招标项目，均涉及招标人、投标人、评标委员会、相关主管部门等不同主体，委托招标项目还涉及招标代理机构。评标原则主要是关于评标委员会的工作规则，但其他相关主体对涉及的原则也应严格遵守。根据有关法律规定，评标原则可以概括为四个方面。

① 公平、公正、科学、择优。为了体现“公平”和“公正”的原则，招标人和招标代理机构应在制作招标文件时，依法选择科学的评标方法和标准；招标人应依法组建合格的评标委员会；评标委员会应依法评审所有投标文件，择优推荐为中标候选人。

② 严格保密。招标人应当采取必要的措施，保证评标在严格保密的情况下进行。严格保密的措施涉及多方面，包括：评标地点保密；评标委员会成员的名单在中标结果确定之前保密；评标委员会成员在封闭状态下开展评标工作，评标期间不得与外界有任何接触，对评标情况承担保密义务；招标人、招标代理机构或相关主管部门等参与评标现场工作的人员，均应承担保密义务。

③ 独立评审。任何单位和个人不得非法干预、影响评标的过程和结果。评标是评标委员会受招标人委托，由评标委员会成员依法运用其知识和技能，根据法律规定和招标文件的要求，独立对所有投标文件进行评审和比较，以评标委员会的名义出具评标报告，推荐中标候选人的活动。评标委员会虽然由招标人组建并受其委托评标，但是，一经组建并开始评标工作，评标委员会即应依法独立开展评审工作。不论是招标人，还是有关主管部门，均不得非法干

预、影响或改变评标过程和结果。

④ 严格遵守评标方法。评标委员会应当按照招标文件确定的评标标准和方法对投标文件进行评审和比较；设有标底的，应当参考标底。评标工作虽然在严格保密的情况下，由评标委员会独立评审，但是，评标委员会应严格遵守招标文件中确定的评标标准和方法。

（3）评标程序

园林工程评标工作通常可以按以下程序进行。

① 招标人宣布评标委员会成员名单并确定主任委员。

② 招标人宣布有关评标纪律。

③ 在主任委员主持下，根据需要，讨论通过成立有关专业组和工作组。

④ 听取招标人介绍招标文件。

⑤ 组织评标人员学习评标标准和方法。

⑥ 提出需澄清的问题：经评标委员会讨论，并经1/2以上委员同意，提出需投标人澄清的问题，以书面形式送达投标人。

⑦ 澄清问题。对需要文字澄清的问题，投标人应当以书面形式送达评标委员会。

⑧ 评审、确定中标候选人。评标委员会按招标文件确定的评标标准和方法，对投标文件进行评审，确定中标候选人推荐顺序。

⑨ 提出评标工作报告。在评标委员会2/3以上委员同意并签字的情况下，通过评标委员会工作报告，并报招标人。

（4）评标的方法

对于通过资格预审的投标者，对他们的财务状况、技术能力、经验及信誉在评标时可不必再评审。评标时主要考虑报价、工期、施工方案、施工组织、质量保证措施、主要材料用量等方面的条件。对于在招标过程中未经过资格预审的，在评标中首先进行资格后审，剔除在财务、技术和经验方面不能胜任的投标者。在招标文件中应加入资格审查的内容，投标者在递交投标书时，同时递交资格审查的资料。

评标方法的科学性对于实施平等的竞争、公正合理地选择中标者是极其重要的。评标涉及的因素很多，应在分门别类、有主有次的基础上，结合工程的特点确定科学的评标方法。

评标的方法，目前国内外采用较多的是专家评议法、低标价法和打分法。

① 专家评议法。评标委员会根据预先确定的评审内容，如报价、工期、施工方案、企业的信誉和经验以及投标者所建议的优惠条件等，对各标书进行认真的分析比较后，评标委员会的各成员进行共同的协商和评议，以投票的方式确定中选的投标者。这种方法实际上是定性的优选法。由于缺少对投标书的量化的比较，因而易产生众说纷纭，意见难于统一的现象。但是其评标过程比较简单，在较短时间内即可完成，一般适用于小型工程项目。

② 低标价法。所谓低标价法，也就是以标价最低者为中标者的评标方法，世界银行贷款项目多采用这种方法。但该标价是指评估标价，也就是考虑了各评审要素以后的投标报价，而非投标者投标书中的投标报价。采用这种方法时，一定要进行严谨的招标程序，严格的资格预审，所编制招标文件一定要严密，详评时对标书的技术评审等工作要扎实全面。

这种评标办法有两种方式，一种方式是将所有投标者的报价依次排队，取其 3 或 4 个，对其低报价的投标者进行其他方面的综合比较，择优定标；另一种方式是“$A+B$ 值评标法”，即以低于标底一定百分数以内的报价的算术平均值为 A，以标底或评标小组确定的更合理的标价为 B，然后以“$A+B$”的均值为评标标准价，选出低于或高于这个标准价的某个百分数的报价的投标者进行综合分析比较，择优选定。

③ 打分法。打分法是由评标委员会事先将评标的内容进行分类，并确定其评分标准，然后由每位委员无记名打分，最后统计投标者的得分。得分超过及格标准分最高者为中标单位。这种定量的评标方法，是在评标因素多而复杂，或投标前未经资格预审就投标时，常采用的一种公正、科学的评标方法，能充分体现平等竞争、一视同仁的原则，定标后分歧意见较小。根据目前国内招标的经验，可按下式进行计算

$$P = Q + \frac{B-b}{B} \times 200 + \sum_{i=1}^{7} m_i$$

式中　P——最后评定分数；

Q——标价基数，一般取40～70分；

B——标底价格；

b——分析标价，分析标价—报价—优惠条件折价；

$\frac{B-b}{B} \times 200$——当报价每高于或低于标底1%时，增加或扣减2分，该比例的大小，应根据项目招标时投标价格应占的权重来确定，此处仅是给予建议；

m_1——工期评定分数，分数上限一般取15～40分，当招标项目为盈利项目（如旅馆、商店、厂房等）时，工程提前交工，则业主可少付贷款利息并早日营业或投产，从而产生盈利，则工期权重可大些；

m_2，m_3——技术方案和管理能力评审得分，分数上限可分别为10～20分；当项目技术复杂、规模大时，权重可适当提高；

m_4——主要施工机械配备评审得分，如果工程项目需要大量的施工机械，如水电工程、土方开挖等，则其分数上限可取为10～30分，一般的工程项目，可不予考虑；

m_5——投标者财务状况评审得分，上限可为5～15分，如果业主资金筹措遇到困难，需承包者垫资时，其权重可加大；

m_6，m_7——投标者社会信誉和施工经验得分，其上限可分别为5～15分。

（5）提交评标报告

评标委员会在对所有投标文件进行各方面评审之后，须编写一份评审结论报告——评标报告，提交给招标人，并抄送有关行政监督部门。该报告作为评审结论，应提出推荐意见和建议，并说明其授予合同的具体理由，供招标人作授标决定时参考。

评标委员会从合格的投标人中排序推荐的中标候选人必须符合下列条件之一。

① 能够最大限度满足招标文件中规定的各项综合评价标准。

② 能够满足招标文件的实质性要求，并且经评审的投标价格最低，但是投标价格低于成本的除外。

评标报告应当如实记载的内容，见表2-4所示。

表2-4 评标报告应当如实记载的内容

序号	内容
1	基本情况和数据表
2	评标委员会成员名单
3	开标记录
4	符合要求的投标一览表
5	废标情况说明
6	评标标准、评标方法或者评标因素一览表
7	经评审的价格或者评分比较一览表
8	经评审的投标人排序
9	推荐的中标候选人名单与签订合同前要处理的事宜
10	澄清、说明、补正事项纪要

评标报告由评标委员会全体成员签字。对评标结论持有异议的评标委员会成员可以书面方式阐述其不同意见和理由。评标委员会成员拒绝在评标报告上签字且不陈述其不同意见和理由的，视为同意评标结论。评标委员会应当对此做出书面说明并记录在案。

向招标人提交书面评标报告后，评标委员会即告解散。评标过程中使用的文件、表格以及其他资料应当及时归还招标人。

(6) 评标过程的注意事项

① 标价合理。当前一般是以标底价格为中准价，采用接近标

底的价格的报价为合理标价。如果采用低的报价中标者，应弄清下列情况：第一，是否采用了先进技术确实可以降低造价或有自己的廉价建材采购基地，能保证得到低于市场价的建筑材料，或是在管理上有什么独特的方法；第二，了解企业是否出于竞争的长远考虑，在一些非主要工程上让利承包，以便提高企业知名度和占领市场，为今后在竞争中获利打下基础。

② 工期适当。国家规定的建设工程工期定额是建设工期参考标准，对于盲目追求缩短工期的现象要认真分析，是否经济合理。要求提前工期，必须要有可靠的技术措施和经济保证。要注意分析投标企业是否是为了中标而迎合业主无原则要求缩短工期的情况。

③ 要注意尊重业主的自主权。在社会主义市场经济的条件下，特别是在建设项目实行业主负责制的情况下，业主不仅是工程项目的建设者、投资的使用者，而且也是资金的偿还者。评标组织是业主的参谋，要对业主负责，业主要根据评标组织的评标建议做出决策，这是理所当然的。但是评标组织要防止来自行政主管部门和招标管理部门的干扰。政府行政部门、招投标管理部门应尊重业主的自主权，不应参加评标决标的具体工作，主要从宏观上监督和保证评标决标工作的公正、科学、合理、合法，为招投标市场的公平竞争创造一个良好的环境。

④ 注意研究科学的评标方法。评标组织要依据本工程特点，研究科学的评标方法，保证评标不“走过场”，防止假评、暗定等不正之风出现。

2.2.3 决标

决标又称定标。评标委员会按评标办法对投标书进行评审后，应提出评标报告，推荐中标单位，经招标单位法定代表人或其指定代理人认定后报上级主管部门同意、当地招标投标管理部门批准后，由招标单位发出中标和未中标通知书，要求中标单位在规定期限内签订合同，未中标单位退还招标文件，领回投标保证金，招标即告圆满结束。

从开标至决标的期限，小型园林建设工程一般不超过 10 天，大、中型工程不超过30天，特殊情况可适当延长。

中标单位确定后，招标单位应于7天内发出中标通知书。中标通知书发出30天内，中标单位应与招标单位签订工程承发包合同。

评标报告、中标通知书和未中标通知书的参考格式，见表2-5～表2-7所示。

表2-5 ______工程评标报告

<table>
<tr><td colspan="5">建设单位：</td><td colspan="5">建设地址：</td></tr>
<tr><td colspan="5">建筑面积：　　　　m²</td><td colspan="5">开标日期：　年　月　日</td></tr>
<tr><td colspan="10">主要数据</td></tr>
<tr><td rowspan="2">序号</td><td rowspan="2">投标单位</td><td rowspan="2">总造价/元</td><td rowspan="2">总工期/日历天</td><td rowspan="2">计划开工日期</td><td rowspan="2">计划竣工日期</td><td rowspan="2">工程质量标准</td><td colspan="3">主要材料用量及单价</td></tr>
<tr><td>钢材</td><td>水泥</td><td>草坪</td></tr>
<tr><td>1</td><td></td><td></td><td></td><td></td><td></td><td></td><td></td><td></td><td></td></tr>
<tr><td>2</td><td></td><td></td><td></td><td></td><td></td><td></td><td></td><td></td><td></td></tr>
<tr><td>3</td><td></td><td></td><td></td><td></td><td></td><td></td><td></td><td></td><td></td></tr>
<tr><td>…</td><td></td><td></td><td></td><td></td><td></td><td></td><td></td><td></td><td></td></tr>
<tr><td colspan="2">核定标底</td><td></td><td></td><td></td><td></td><td></td><td></td><td></td><td></td></tr>
<tr><td colspan="5">评定中标单位：</td><td colspan="5">评标日期：　年　月　日</td></tr>
<tr><td colspan="10">评标情况及评定中标理由：

评标委员会代表(签名)</td></tr>
<tr><td colspan="10">招标单位(印)　法定代表人(签名)　上级主管部门(印)　招标投标管理部门(印)</td></tr>
</table>

表 2-6 ________工程中标通知书

<table>
<tr><td colspan="2">中标单位：</td></tr>
<tr><td colspan="2">中标工程内容：</td></tr>
<tr><td>中标条件：</td><td>1. 承包范围及承包方式：
2. 中标总造价
3. 总工期及开竣工时间
总工期：　　　　日历天；开工：　　　；竣工：
4. 工程质量标准：
5. 主要材料且量及单价：</td></tr>
<tr><td colspan="2">签订合同期限：　　　　　　年　　月　　日以前</td></tr>
<tr><td colspan="2">决标单位(印)　　　　　　法定代表人(签名)　　年　　月　　日</td></tr>
</table>

表 2-7 ________工程未中标通知书

<table>
<tr><td>(投标单位名称)
我单位(招投标工程名称)工程招标，经评标委员会评议、上级主管理部门核准，已由(中标单位名称)中标。请接到本通知后，于　年　月　日以前，来我单位交还全部招标文件和图纸，并领回投标保证金，以清手续。

招标单位(印)
年　月　日</td></tr>
</table>

2.2.4 中标

2.2.4.1 中标人的确定原则

（1）确定中标人的权利归属原则

招标人根据评标委员会提出的书面评标报告和推荐的中标候选人确定中标人。一般情况下，评标委员会只负责推荐合格中标候选人，中标人应当由招标人确定。确定中标人的权利，招标人可以自己直接行使，也可以授权评标委员会直接确定中标人。

（2）确定中标人的权利受限原则

虽然确定中标人的权利属于招标人，但这种权利受到很大限制。按照国家有关部门规章规定，使用国有资金投资或者国家融资的工程建设勘察设计和货物招标项目、依法必须进行招标的工程建设施工招标项目、政府采购货物和服务招标项目等，招标人只能确定排名第一的中标候选人为中标人。

2.2.4.2 中标人的确定程序

（1）评标委员会推荐合格中标候选人

① 依法必须招标的工程建设项目，评标委员会推荐的中标候选人应当限定在1～3人，并标明排列顺序。

② 政府采购货物和服务招标，评标委员会推荐中标候选供应商数量应当根据采购需要确定，但必须按顺序排列中标候选供应商。评标委员会应当根据不同的评标方法，采取不同的推荐方法。

a. 采用最低评标价法的，按投标报价由低到高顺序排列。投标报价相同的，按技术指标优劣顺序排列。评标委员会认为，排在前面的中标候选供应商的最低投标价或者某些分项报价明显不合理或者低于成本，有可能影响商品质量和不能诚信履约的，应当要求其在规定的期限内提供书面文件予以解释说明，并提交相关证明材料；否则，评标委员会可以取消该投标人的中标候选资格，按顺序由排在后面的中标候选供应商递补，以此类推。

b. 采用综合评分法的，按评审后得分由高到低顺序排列。得分相同的，按投标报价由低到高顺序排列。得分且投标报价相同的，按技术指标优劣顺序排列。

c. 采用性价比法的，按商数得分由高到低顺序排列。商数得分相同的，按投标报价由低到高顺序排列。商数得分且投标报价相同的，按技术指标优劣顺序排列。

（2）招标人自行或者授权评标委员会确定中标人

招标人应当接受评标委员会推荐的中标候选人，不得在评标委员会推荐的中标候选人之外确定中标人。特殊项目，招标人应按照以下原则确定中标人。

① 使用国有资金投资或者国家融资的项目，招标人应当确定排名第一的中标候选人为中标人。排名第一的中标候选人放弃中标、因不可抗力提出不能履行合同，或者招标文件规定应当提交履约保证金而在规定的期限内未能提交的，招标人可以确定排名第二的中标候选人为中标人。排名第二的中标候选人因前款规定的同样原因不能签订合同的，招标人可以确定排名第三的中标候选人为中标人。

② 依法必须进行招标的项目，招标人应当确定排名第一的中标候选人为中标人。排名第一的中标候选人放弃中标、因不可抗力提出不能履行合同，或者招标文件规定应当提交履约保证金而在规定的期限内未能提交的，招标人可以确定排名第二的中标候选人为中标人。

③ 政府采购货物和服务工程采购人，应当按照评标报告中推荐的中标候选供应商顺序确定中标供应商。即首先应当确定排名第一的中标候选供应商为中标人，并与之订立合同。中标供应商因不可抗力或者自身原因不能履行政府采购合同的，采购人可以与排位在中标供应商之后第一位的中标候选供应商签订政府采购合同，以此类推。因此，在政府采购项目的招标中，采购人（即招标人）也只能与排名第一的中标候选人订立合同。

（3）中标结果公示或者公告

为了体现招标投标中的公平、公正、公开的原则，且便于社会的监督，确定中标人后，中标结果应当公示或者公告。

各地应当建立中标候选人的公示制度。采用公开招标的，在中标通知书发出前，要将预中标人的情况在该工程项目招标公告发布的同一信息网络和建设工程交易中心予以公示，公示的时间最短应当不少于2个工作日。

(4) 发出中标通知书

公示结束后，招标人应当向中标人发出中标通知书，告知中标人中标的结果。《中华人民共和国招标投标法》(以下简称《招标投标法》第四十五条规定，中标人确定后，招标人应当向中标人发出中标通知书，并同时将中标结果通知所有未中标的投标人。

《招标投标法实施条例》第五十六条规定，中标候选人的经营、财务状况发生较大变化或者存在违法行为，招标人认为可能影响其履约能力的，应当在发出中标通知书前由原评标委员会按照招标文件规定的标准和方法审查确认。

2.2.4.3 中标通知书

(1) 中标通知书的性质

按照合同法的规定，发出招标公告和投标邀请书是要约邀请，递交投标文件是要约，发出中标通知书是承诺。投标符合要约的所有条件：它具有缔结合同的主观目的；一旦中标，投标人将受投标书的拘束；投标书的内容具有足以使合同成立的主要条件。而招标人向中标的投标人发出的中标通知书，则是招标人同意接受中标的投标人的投标条件，即表示同意接受该投标人的要约，属于承诺。因此，中标通知书的发出不但是将中标的结果告知投标人，还将直接导致合同的成立。

(2) 中标通知书的法律效力

《招标投标法》第四十五条规定，中标通知书对招标人和中标人具有法律效力。中标通知书发出后，招标人改变中标结果的，或者中标人放弃中标项目的，应当依法承担法律责任。

中标通知书发出后，合同在实质上已经成立，招标人改变中标结果，或者中标人放弃中标项目，都应当承担违约责任。需要注意的是，与《中华人民共和国合同法》(以下简称《合同法》) 一般性的规定“承诺生效时合同成立”不同，中标通知书发生法律效力的时间为发出后。由于招标投标是合同的一种特殊订立方式，因此，《招标投标法》是《合同法》的特别法，按照“特别法优于普通法”的原则，中标通知书发生法律效力的规定应当按照《招标投标法》执行，即中标通知书发出后即发生法律效力。

① 中标人放弃中标项目。中标人一旦放弃中标项目，必将给招标人造成损失，如果没有其他中标候选人，招标人一般需要重新招标，完工或者交货期限肯定要推迟。即使有其他中标候选人，其他中标候选人的条件也往往不如原定的中标人。因为招标文件往往要求投标人提交投标保证金，如果中标人放弃中标项目，招标人可以没收投标保证金，实质是双方约定投标人以这一方式承担违约责任。如果投标保证金不足以弥补招标人的损失，招标人可以继续要求中标人赔偿损失。因为按照《合同法》的规定，约定的违约金低于造成的损失的，当事人可以请求人民法院或者仲裁机构予以增加。

② 招标人改变中标结果。招标人改变中标结果，拒绝与中标人订立合同，也必然给中标人造成损失。中标人的损失既包括准备订立合同的支出，甚至有可能有合同履行准备的损失。因为中标通知书发出后，合同在实质上已经成立，中标人应当为合同的履行进行准备，包括准备设备、人员、材料等。但除非在招标文件中明确规定，否则不能把投标保证金同时视为招标人的违约金，即投标保证金只有单向的保证投标人不违约的作用。因此，中标人要求招标人承担赔偿损失的责任，只能按照中标人的实际损失进行计算，要求招标人赔偿。

③ 招标人的告知义务。中标人确定后，招标人不但应当向中标人发出中标通知书，还应当同时将中标结果通知所有未中标的投标人。招标人的这一告知义务是《招标投标法》要求招标人承担的。规定这一义务的目的是让招标人能够接受监督，同时，如果招标人有违法情况，损害中标人以外的其他投标人利益的，其他投标人也可以及时主张自己的权利。

《标准施工招标文件》中中标通知书、中标结果通知书、确认通知的格式，见表2-8～表2-10。

表 2-8　中标通知书格式

<table>
<tr><td>

中标通知书

________(中标人名称)：

你方于________(投标日期)所递交的________(项目名称)投标文件已被我方接受，被确定为中标人。

中标价：________元。

工期：________日历天。

工程质量：符合________标准。

项目经理：________(姓名)。

请你方在接到本通知书后的____日内到______(指定地点)与我方签订承包合同，在此之前按招标文件中“投标人须知”的规定向我方提交履约担保。

随附的澄清、说明、补正事项纪要，是本中标通知书的组成部分。

特此通知。

附：澄清、说明、补正事项纪要

招标人：________(盖单位章)

法定代表人：________(签字)

____年____月____日

</td></tr>
</table>

表 2-9　中标结果通知书格式

<table>
<tr><td>

中标结果通知书

________(未中标人名称)：

我方已接受________(中标人名称)于________(投标日期)所递交的________(项目名称)投标文件，确定________(中标人名称)为中标人。

感谢你单位对我们工作的大力支持！

招标人：________(盖单位章)

法定代表人：________(签字)

____年____月____日

</td></tr>
</table>

表 2-10 确认通知格式

确认通知

______________(招标人名称)：

你方于____年____月____日发出的__________(项目名称)关于__________的通知，我方于____年____月____日收到。

特此确认。

招标人：__________(盖单位章)

____年____月____日

2.3 园林工程项目投标

2.3.1 投标文件的编制

(1) 投标文件的组成

建设工程投标文件，是建设工程投标人单方面阐述自己响应招标文件要求，旨在向招标人提出愿意订立合同的意思，是投标人确定和解释有关投标事项的各种书面表达形式的统称。从合同订立过程来分析，建设工程投标文件在性质上属于一种要约，其目的在于向招标人提出订立合同的意愿。

建设工程投标文件是由一系列有关投标方面的书面资料组成的。一般来说，投标文件由以下部分组成。

① 投标函。投标函（表 2-11）的主要内容为投标报价、质量、工期目标、履约保证金数额等。

表 2-11 投标函

________________(招标人名称):

1. 我方已仔细研究________(项目名称)______标段施工招标文件的全部内容,愿意以人民币(大写)______元(￥________)的投标总报价,工期______日历天,按合同约定实施和完成承包工程,修补工程中的任何缺陷,工程质量达到__________。

2. 我方承诺在投标有效期内不修改、撤销投标文件。

3. 随同本投标函提交投标保证金一份,金额为人民币(大写)____元(￥____)。

4. 如我方中标:

(1)我方承诺在收到中标通知书后,在中标通知书规定的期限内与你方签订合同。

(2)随同本投标函递交的投标函附录属于合同文件的组成部分。

(3)我方承诺按照招标文件规定向你方递交履约担保。

(4)我方承诺在合同约定的期限内完成并移交全部合同工程。

5. 我方在此声明,所递交的投标文件及有关资料内容完整、真实和准确。

6. __________________________(其他补充说明)。

招标人:________________________(盖章单位)

法定代表人或其委托代理人:________________

地址:____________________________________

网址:____________________________________

电话:____________________________________

传真:____________________________________

邮编编码:________________________________

____年____月____日

② 投标函附录。投标函附录(表 2-12、表 2-13)内容为投标人对开工日期、履约保证金、违约金以及招标文件规定的其他要求的具体承诺。

表 2-12　项目投标函附录

序号	条款名称	合同条款号	约定内容	备注
1	项目经理	1.1.2.4	姓名：	
2	工期	1.1.4.3	天数：______日历天	
3	缺陷责任期	1.1.4.5		
4	分包	4.3.4		
5	价格调整差额计算	16.1.1	见价格指数权重表	
…	…	…		

表 2-13　价格指数权重表

名称		基本价格指数		权重			价格指数来源
		代号	指数值	代号	允许范围	投标人建议值	
定值部分				A			
变值部分	人工费	F_{01}		B_1	至		
	钢材	F_{02}		B_2	至		
	水泥	F_{03}		B_3	至		
	…	…		…	…		
合计					1.00		

③ 授权委托书。授权委托书（表 2-14）在诉讼中，是指委托代理人取得诉讼代理资格给被代理人进行诉讼的证明文书，其记载的内容主要包括委托事项和代理权限，并由委托人签名或盖章。

表 2-14 授权委托书

本人______（姓名）系______（投标人名称）的法定代表人，现委托______（姓名）为我方代理人。代理人根据授权，以我方名义签署、澄清、说明、补正、递交、撤回、修改______（项目名称）______标段施工投标文件、签订合同和处理有关事宜，其法律后果由我方承担。

委托期限：____________________

代理人无转委托权。

附：法定代表人身份证明。

投标人：__________________（盖章单位）

法定代表人：__________________（签字）

身份证号：__________________________

委托代理人：__________________（签字）

身份证号码：________________________

___年___月___日

④ 投标保证金。投标保证金（表 2-15）的形式有现金、支票、汇票和银行保函，但具体采用何种形式应根据招标文件规定。

表 2-15　投标保证金

________(招标人名称)：

鉴于__________(投标人名称)(以下称"投标人")于___年___月___日参加__________(项目名称)__________标段施工的投标，__________(担保人名称，以下简称"我方")无条件地、不可撤销地保证：投标人在规定的投标文件有效期内撤销或修改其投标文件的，或者投标人在收到中标通知书后无正当理由拒签合同或拒交规定履约担保的，我方承担保证责任。收到你方书面通知后，在7日内无条件向你方支付人民币(大写)___元。

担保人名称：__________________(盖章单位)
法定代表人或其委托代理人：________(签字)
地址：______________________________
邮政编码：___________________________
电话：______________________________
传真：______________________________

___年___月___日

⑤ 法定代表人资格证明书（表 2-16）。

表 2-16　法定代表人身份证明

投标人名称：____________________
单位性质：______________________
地址：__________________________
成立时间：_____年_____月_____日
经营期限：_____________________
姓名：______性别：___年龄：_____职务：_____
系：______________(投标人名称)的法定代表人。
特此证明。

投标人：__________________(盖章单位)

___年___月___日

⑥ 联合体协议书（表 2-17）。

表 2-17 联合体协议书

________(所有成员单位名称)自愿组成________(联合体名称)联合体，共同参加________(项目名称)________标段施工投标。现就联合体投标事宜订立如下协议。

1. ________(某成员单位名称)为________(联合体名称)牵头人。

2. 联合体牵头人合法代表联合体各成员负责本招标项目投标文件编制和合同谈判活动，并代表联合体提交和接收相关的资料、信息及指示，并处理与之有关的一切事务，负责合同实施阶段的主办、组织和协调工作。

3. 联合体将严格按照招标文件的各项要求，递交投标文件，履行合同，并对外承担连带责任。

4. 联合体各成员单位内部的职责分工如下：________________。

5. 本协议书自签署之日起生效，合同履行完毕后自动失效。

6. 本协议书一式________份，联合体成员和招标人各执一份。

注：本协议书由委托代理人签字的，应附法定代表人签字的授权委托书。

牵头人名称：________________(盖章单位)
法定代表人或其委托代理人：____________(签字)

成员一名称：________________(盖章单位)
法定代表人或其委托代理人：____________(签字)

成员二名称：________________(盖章单位)
法定代表人或其委托代理人：____________(签字)

____年____月____日

⑦ 施工组织设计。投标人编制施工组织设计的要求：编制时应采用文字并结合图表形式说明施工方法；拟投入本标段的主要施工设备情况、拟配备本标段的试验和检测仪器设备情况、劳动力计划等；结合工程特点提出切实可行的工程质量、安全生产、文明施工、工程进度、技术组织措施，同时应对关键工序、复杂环节重点提出相应技术措施，如冬雨期施工技术、减少噪声、降低环境污

染、地下管线及其他地上地下设施的保护加固措施等。

(2) 投标文件的编制要求

① 一般要求

a. 投标人编制投标文件时必须使用招标文件提供的投标文件表格格式，但表格可以按同样格式扩展。投标保证金、履约保证金的方式，按招标文件有关条款的规定可以选择。投标人根据招标文件的要求和条件填写投标文件的空格时，凡要求填写的空格都必须填写，不得空着不填，否则，即被视为放弃意见。实质性的项目或数字（如工期、质量等级、价格等）未填写的，将被为无效或作废的投标文件处理。将投标文件按规定的日期送交招标人，等待开标、决标。

b. 应当编制的投标文件“正本”仅一份，“副本”则按招标文件前附表所述的份数提供，同时要在标书封面标明“投标文件正本”和“投标文件副本”字样。投标文件正本和副本如有不一致之处，以正本为准。

c. 投标文件正本和副本均应使用不能擦去的墨水打印或书写，各种投标文件的填写字迹都要清晰、端正，补充设计图纸要整洁、美观。

d. 所有投标文件均由投标人的法定代表人签署、加盖印鉴，并加盖法人单位公章。

e. 填报投标文件应反复校核，保证分项和汇总计算均无错误。全套投标文件均应无涂改和行间插字，除非这些删改是根据招标人的要求进行的，或者是投标人造成的必须修改的错误。修改处应由投标文件签字人签字证明并加盖印鉴。

f. 如招标文件规定投标保证金为合同总价的某百分比时，开投标保函不要太早，以防泄漏己方报价。但有的投标商提前开出并故意加大保函金额，以麻痹竞争对手的情况也是存在的。

g. 投标人应将投标文件的技术标和商务标分别密封在内层包封，再密封在一个外层包封中，并在内封上标明“技术标”和“商务标”。标书包封的封口处都必须加贴封条，封条贴缝应全部加盖密封章或法人章。内层和外层包封都应由投标人的法定代表人签署、加盖印鉴，并加盖法人单位公章。内层和外层包封都应写明投标人名称和地址、工程名称、招标编号，并注明开标时间以前不得开封。在内层和外层包封上还应写明投标人的名称与地址、邮政编码，以便投标出现逾期送达时能原封退回。如果内外层包封没有按上述规定密封并加写标志，投标文件将被拒绝，并退还给投标人。投标文件应按时递交至招标文件前附表所述的单位和地址。

h. 投标文件的打印应力求整洁、悦目，避免评标专家产生反感。投标文件的装订也要力求精美，使评标专家从侧面产生对投标人企业实力的认可。

② 技术标编制要求。技术标的重要组成部分是施工组织设计，虽然二者在内容上是一致的，但在编制要求上却有一定差别。施工组织设计的编制一般注重管理人员和操作人员对规定和要求的理解和掌握。而技术标则要求能让评标委员会的专家们在较短的时间内，发现标书的价值和独到之处，从而给予较高的评价。因此，编制技术标时应注意以下问题。

a. 针对性。在评标过程中，常常会发现为了使标书比较“上规模”，以体现投标人的水平，投标人往往把技术标做得很厚。而其中的内容往往都是对规范标准的成篇引用，或对其他项目标书的成篇抄袭，因而使标书毫无针对性。该有的内容没有，无需有的内容却充斥标书。这样的标书容易引起评标专家的反感，最终导致技术标严重失分。

b. 全面性。对技术标的评分标准一般都分为许多项目，这些项目都分别被赋予一定的评分分值。这就意味着这些项目不能发生缺项，一旦发生缺项，该项目就可能被评为零分，这样中标概率将会大大降低。

另外，对一般项目而言，评标的时间往往有限，评标专家没有时间对技术标进行深入分析。因此，只要有关内容齐全，且无明显的低级错误或理论上的错误，技术标一般不会扣很多分。所以，对一般工程来说，技术标内容的全面性比内容的深入细致更重要。

c. 先进性。技术标要获得高分，一般来说也不容易。没有技术亮点，没有特别吸引招标人的技术方案，是不大可能得高分的。

因此，标书编制时，投标人应仔细分析招标人的热衷点，在这些点上采用先进的技术、设备、材料或工艺，使标书对招标人和评标专家产生更强的吸引力。

d. 可行性。技术标的内容最终都是要付诸实施的，因此，技术标应有较强的可行性。为了突出技术标的先进性，盲目提出不切实际的施工方案、设备计划，都会给今后的具体实施带来困难，甚至导致建设单位或监理工程师提出违约指控。

e. 经济性。投标人参加投标承揽业务的最终目的都是为了获取最大的经济利益，而施工方案的经济性，直接关系到投标人的效益，因此必须十分慎重。另外，施工方案也是投标报价的一个重要影响因素，经济合理的施工方案能降低投标报价，使报价更具竞争力。

2.3.2 投标决策与技巧

2.3.2.1 园林工程投标的决策

(1) 园林工程投标决策的含义

决策是指为实现一定的目标，运用科学的方法，在若干可行方案中寻找满意的行动方案的过程。

园林工程投标决策即是寻找满意的投标方案的过程。其内容主要包括如下三个方面。

① 针对园林工程招标决定是投标或是不投标。一定时期内，企业可能同时面临多个项目的投标机会，受施工能力所限，企业不可能实践所有的投标机会，而应在多个园林项目中进行选择；就某一具体项目而言，从效益的角度看有盈利标、保本标和亏损标，企业需根据项目特点和企业现实状况决定采取何种投标方式，以实现企业的既定目标，如获取盈利、占领市场、树立企业新形象等。

② 决定投什么性质的标。按性质划分，投标有风险标和保险标。从经济学的角度看，某项事业的收益水平与其风险程度成正比，企业需在高风险的高收益与低风险的低收益之间进行抉择。

③ 投标中企业需制订如何采取扬长避短的策略与技巧，达到战胜竞争对手的目的。

投标决策是投标活动的首要环节，科学的投标决策是承包商战胜竞争对手，并取得较好的经济效益与社会效益的前提。

(2) 投标决策阶段的划分

园林工程投标决策可以分为两个阶段进行。这两个阶段就是园林工程投标决策的前期阶段和园林工程投标决策的后期阶段。

园林工程投标决策的前期阶段必须在购买投标人资格预审资料前后完成。决策的主要依据是招标广告，以及公司对招标工程、业主的情况的调研和了解的程度。前期阶段必须对投标与否做出论证。通常情况下，下列招标项目应放弃投标。

① 本施工企业主管和兼营能力之外的项目。

② 工程规模、技术要求超过本施工企业技术等级的项目。

③ 本施工企业生产任务饱满，而招标工程的盈利水平较低或风险较大的项目。

④ 本施工企业技术等级、信誉、施工水平明显不如竞争对手的项目。如果决定投标，即进入投标决策的后期阶段，它是指从申报资格预审至投标报价（封送投标书）前完成的决策研究阶段。主要研究是投什么性质的标，以及在投标中采取的策略问题。

(3) 投标类型

① 投标按性质分类。

a. 风险标。风险标是指明知工程承包难度大、风险大，且技术、设备、资金上都有未解决的问题，但由于队伍窝工，或因为工程盈利丰厚，或为了开拓新技术领域而决定参加投标，同时设法解决存在的问题，即为风险标。投标后，如果问题解决得好，可取得较好的经济效益，锻炼出一支好的施工队伍，使企业更上一层楼。反之，企业的信誉、效益就会因此受到损害，严重者将导致企业严重亏损甚至破产。因此，投风险标必须审慎从事。

b. 保险标。保险标是指对可以预见的情况从技术、设备、资金等重大问题方面都有了解决的对策之后再投标，称为保险标。企业经济实力较弱，经不起失误的打击，则往往投保险标。当前，我国施工企业多数都愿意投保险标，特别是在国际工程承包市场上去投保险标。

② 投标按效益分类。

a. 盈利标。如果招标工程既是本企业的强项，又是竞争对手的弱项；或建设单位意向明确；或本企业任务饱满、利润丰厚，才考虑让企业超负荷运转，此种情况下的投标，称投盈利标。

b. 保本标。当企业无后继工程，或已出现部分窝工，必须争取投标中标。但招标的工程项目对于本企业又无优势可言，竞争对手又是实力较强的企业，此时，宜投保本标，至多投薄利标，称为保本标。

c. 亏损标。亏损标是一种非常手段，一般是在下列情况下采用，即本企业已大量窝工，严重亏损，若中标后至少可以使部分人工、机械运转、减少亏损；或者为在对手林立的竞争中夺得头标，不惜血本压低标价；或是为了占领市场，取得拓宽市场的立足点而压低标价。以上这些，虽然是不正常的，但在激烈的投标竞争中有时也这样做。

(4) 影响园林工程投标决策的主要因素

① 影响园林工程投标决策的企业外部因素。

a. 业主和监理工程师的情况。主要应考虑业主的合法地位、支付能力、履约信誉；监理工程师处理问题的公正性、合理性及与本企业间的关系等。

b. 竞争对手和竞争形势。是否投标，应注意竞争对手的实力、优势及投标环境的优劣情况。另外，竞争对手的在建园林工程情况也十分重要。如果对手的在建园林工程即将完工，可能急于获得新承包项目，投标报价不会很高；如果对手在建工程规模大、时间长，如仍参加投标，则标价可能很高。从总的竞争形势来看，大型工程的承包公司技术水平高，善于管理大型复杂园林工程，其适应性强，可以承包大型园林工程；中小型园林工程由中小型工程公司或当地的工程公司承包可能性大。因为当地的中小型公司在当地有自己熟悉的材料、劳力供应渠道，管理人员相对比较少，有自己惯用的特殊施工方法等优势。

c. 法律、法规的情况。对于国内园林工程承包，自然适用本国的法律和法规。而且，其法制环境基本相同。因为，我国的法律、法规具有统一或基本统一的特点。法律适用的原则有以下五条。

- 强制适用工程所在地法的原则。
- 意思自治原则。
- 最密切联系原则。
- 适用国际惯例原则。
- 国际法效力优于国内法效力的原则。

d. 风险问题。园林工程承包，由于影响因素众多，因而存在很大的风险性。从来源的角度看，风险可分为政治风险、经济风险、技术风险、商务及公共关系风险和管理方面的风险等。投标决策中对拟投标项目的各种风险进行深入研究，进行风险因素辨识，以便有效规避各种风险，避免或减少经济损失。

② 影响投标决策的企业内部因素。影响投标决策的企业内部因素主要包括如下四个方面。

a. 技术方面的实力。

• 有精通本行业的估算师、建筑师、工程师、会计师和管理专家组成的组织机构。

• 有园林工程项目设计、施工专业特长，能解决技术难度大的问题和各类园林工程施工中的技术难题的能力。

• 具有同类工程的施工经验。

• 有一定技术实力的合作伙伴，如实力强的分包商、合营伙伴和代理人等。技术实力是实现较低的价格、较短的工期、优良的园林工程质量的保证，直接关系到企业投标中的竞争能力。

b. 经济方面的实力。

• 具有一定的垫付资金的能力。

• 具有一定的固定资产和机具设备，并能投入所需资金。

• 具有一定的资金周转用来支付施工用款。因为，对已完成的工程量需要监理工程师确认后并经过一定手续、一定的时间后才能拨工程款。

• 具有支付各种担保的能力。

• 具有支付各种纳税和保险的能力。

• 由于不可抗力带来的风险。即使是属于业主的风险，承包商也会有损失；如果不属于业主的风险，则承包商损失更大。要有财力承担不可抗力带来的风险。

• 承担国际工程往往需要重金聘请有丰富经验或有较高地位的代理人，以及其他“佣金”，也需要承包商具有这方面的支付能力。

c. 管理方面的实力。具有高素质的项目管理人员，特别是懂技术、会经营、善管理的项目经理人选。能够根据合同的要求，高效率地完成项目管理的各项目标，通过项目管理活动为企业创造较好的经济效益和社会效益。

d. 信誉方面的实力。承包商一定要有良好的信誉，这是投标中标的一条重要标准。要建立良好的信誉，就必须遵守法律和行政法规，或按国际惯例办事。同时，要认真履约，保证园林工程的施工安全、工期和质量，而且各方面的实力要雄厚。

（5）园林工程投标策略确定

承包商参加投标竞争，能否战胜对手而获得施工合同，在很大程度上取决于自身能否运用正确灵活的投标策略来指导投标全过程的活动。

正确的投标策略来自于实践经验的积累，对客观规律的不断深入地认识以及对具体情况的了解。同时，决策者的能力和魄力也是不可缺少的。概括起来讲，投标策略可以归纳为四大要素，即“把握形势，以长胜短，掌握主动，随机应变”。具体地讲，常见的投标策略有以下几种。

① 靠经营管理水平高取胜。这主要靠做好园林施工组织设计，采取合理的园林施工技术和施工机械，精心采购材料、设备、选择可靠的分包单位，安排紧凑的施工进度，力求节省管理费用等，从而有效地降低工程成本而获得较高的利润。

② 低利政策。主要适用于承包商任务不足时，以低利承包到一些园林工程，对企业仍是有利的。此外，承包商初到一个新的地区，为了打入这个地区的承包市场，建立信誉，也往往采用这种策略。

③ 靠缩短建设工期取胜。即采取有效措施，在招标文件要求的工期基础上，再提前若干个月或若干天完工，从而使工程早投产、早收益，这也是能吸引业主的一种策略。

④ 虽报低价，但可以通过施工索赔，从而得到高额利润。即利用图纸、技术说明书与合同条款中不明确之处寻找索赔机会。一般索赔金额可达标价的10％～20％。不过这种策略很有局限性。

⑤ 靠改进园林工程设计取胜。即仔细研究原设计图纸，发现有不够合理之处，提出能降低造价的措施。

⑥ 着眼于发展，谋求将来的优势。承包商为了掌握某种有发展前途的园林工程施工技术，就可能采用这种策略。

在选择投标对象时要注意避免以下两种情况：一是园林工程项目不多时，为争夺园林工程任务而压低标价，结果使得盈利的可能性很小，甚至要亏损；二是园林工程项目较多时，企业想多得标而到处投标，结果造成投标工作量大大增加而导致考虑不周，承包了一些盈利可能性甚微或本企业并不擅长的园林工程，而失去可能盈利较多的园林工程。

2.3.2.2 园林工程投标的技巧

园林工程投标技巧研究，其实质是在保证园林工程质量与工期条件下，寻求一个好的报价的技巧问题。

投标人为了中标和取得期望的效益，必须在保证满足招标文件各项要求的条件下，研究和运用投标技巧，这种研究与运用贯穿在整个投标程序过程中。一般以开标作为分界，将投标技巧研究分为开标前和开标后两个阶段。

(1) 开标前的投标技巧研究

① 不平衡报价。不平衡报价指在总价基本确定的前提下，如何调整内部各个子项的报价，以其既不影响总报价，又可以使投标人在中标后可尽早收回垫支于园林工程中的资金和获取较好的经济效益。但要注意避免不正常的调高或压低现象，避免失去中标机会。通常采用的不平衡报价有下列几种情况。

a. 对能早期结账收回工程款的项目（如土方、基础等）的单价可报以较高价，以利于资金周转；对后期项目（如装饰、电气设备安装等）单价可适当降低。

b. 估计今后工程量可能增加的项目，其单价可提高，而工程量可能减少的项目，其单价可降低。

但上述两点要统筹考虑。对于工程量数量有错误的早期园林工程，如不可能完成工程量表中的数量，则不能盲目抬高单价，需要具体分析后再确定。

c. 园林图纸内容不明确或有错误，估计修改后工程量要增加的，其单价可提高；而工程内容不明确的，其单价可降低。

d. 暂定项目又叫任意项目或选择项目，对这类项目要作具体分析。因为这一类项目要开工后由发包人研究决定是否实施，由哪一家承包人实施。如果工程不分标，只由一家承包人施工，则其中肯定要做的单价可高些，不一定要做的则应低些。如果工程分标，该暂定项目也可能由其他承包人施工时，则不宜报高价，以免抬高总报价。

e. 单价包干混合制合同中，发包人要求有些项目采用包干报价时，宜报高价。一则这类项目多半有风险，二则这类项目在完成后可全部按报价结账，即可以全部结算回来。而其余单价项目则可适当降低。

f. 有的招标文件要求投标者对工程量大的项目报"单价分析表"，投标时可将单价分析表中的人工费及机械设备费报得较高，而将材料费报得较低。这主要是为了在今后补充项目报价时可以参考选用"单价分析表"中的较高的人工费和机械、设备费，而材料则往往采用市场价，因而可获得较高的收益。

g. 在议标时，承包人一般都要压低标价。这时应该首先压低那些园林工程量小的单价，这样即使压低了很多个单价，总的标价也不会降低很多，而给发包人的感觉却是工程量清单上的单价大幅度下降，承包人很有让利的诚意。

h. 如果是单纯报计日工或计台班机械单价，则可以高些，以便在日后发包人用工或使用机械时可多盈利。但如果计日工表中有一个假定的"名义工程量"时，则需要具体分析是否报高价，以免抬高总报价。总之，要分析发包人在开工后可能使用的计日工数量，然后确定报价技巧。

不平衡报价一定要建立在对工程量表中工程量风险仔细核对的基础上。特别是对于报低单价的项目，如工程量一旦增多，将造成承包人的重大损失。同时一定要控制在合理幅度内（一般可在10%左右），以免引起发包人反对，甚至导致废标。如果不注意这一点，有时发包人会挑选出报价过高的项目，要求投标者进行单价分析，而围绕单价分析中过高的内容压价，以致承包人得不偿失。

② 计日工的报价。分析业主在开工后可能使用的计日工数量确定报价方针。较多时则可适当提高，可能很少时，则下降。另外，如果是单纯报计日工的报价，可适当报高，如果关系到总价水平则不宜提高。

③ 多方案报价法。有时招标文件中规定，可以提一个建议方案；或对于一些招标文件，如果发现园林工程范围不很明确，条款不清楚或很不公正，或技术规范要求过于苛刻时，则要在充分估计风险的基础上，按多方案报价法处理。即先按原招标文件报一个价，然后再提出如果某条款作某些变动，报价可降低的额度。这样可以降低总价，吸引发包人。

投标者这时应组织一批有经验的园林设计和施工工程师，对原招标文件的设计和园林施工方案仔细研究，提出更理想的方案以吸引发包人，促成自己的方案中标。这种新的建议可以降低总造价或提前竣工或使工程运用更合理，但要注意的是对原招标方案一定也要报价，以供发包人比较。

增加建议方案时，不要将方案写得太具体，保留方案的技术关键，防止发包人将此方案交给其他承包人。同时要强调的是，建议方案一定要比较成熟，或过去有这方面的实践经验。因为投标时间往往较短，如果仅为中标而提出一些没有把握的建议方案，可能引起很多后患。

④ 突然袭击法。由于投标竞争激烈，为迷惑对方，有意泄露一些假情报。如不打算参加投标，或准备投高标，表现出无利可图不干等假象，到投标截止之前几个小时，突然前往投标，并压低投

标价，从而使对手措手不及而失败。

⑤ 低投标价夺标法。此种方法是非常情况下采用的非常手段。比如企业大量窝工，为减少亏损；或为打入某一建筑市场；或为挤走竞争对手保住自己的地盘，于是制定了严重亏损标，力争夺标。若企业无经济实力，信誉不佳，此法也不一定会奏效。

⑥ 先亏后盈法。对大型分期建设工程，在第一期工程投标时，可以将部分间接费分摊到第二期工程中去，少计算利润以争取中标。这样在第二期工程投标时，凭借第一期工程的经验、临时设施以及创立的信誉，比较容易拿到第二期工程。但第二期工程遥遥无期时，则不宜这样考虑，以免承担过高的风险。

⑦ 开口升级法。把报价视为协商过程，把园林工程中某项造价高的特殊工作内容从报价中减掉，使报价成为竞争对手无法相比的“低价”。利用这种“低价”来吸引发包人，从而取得了与发包人进一步商谈的机会，在商谈过程中逐步提高价格。当发包人明白过来当初的“低价”实际上是个钓饵时，往往已经在时间上处于谈判弱势，丧失了与其他承包人谈判的机会。利用这种方法时，要特别注意在最初的报价中说明某项工作的缺项，否则可能会弄巧成拙，真的以“低价”中标。

⑧ 联合保标法。在竞争对手众多的情况下，可以采取几家实力雄厚的承包商联合起来的方法来控制标价，一家出面争取中标，再将其中部分项目转让给其他承包商二包，或轮流相互保标。但此种报价方法实行起来难度较大，一方面要注意联合保标几家公司间的利益均衡，又要保密；否则一旦被业主发现，有取消投标资格的可能。

（2）开标后的投标技巧研究

投标人通过公开开标这一程序可以得知众多投标人的报价，但低报价并不一定中标，需要综合各方面的因素、反复考虑，并经过议标谈判，方能确定中标者。所以，开标只是选定中标候选人，而非已确定中标者。投标人可以利用议标谈判施展竞争手段，从而改变自己原投标书中的不利因素而成为有利因素，以增加中标的机会。

2.3.3 投标的程序

(1) 向招标人申报资格审查，提供有关文件资料

投标人在获悉招标公告或投标邀请后，应当按照招标公告或投标邀请书所提出的资格审查要求，向招标人申报资格审查。资格审查是投标过程中的第一关。

资格预审文件应包括的主要内容见表2-18。

表2-18 资格预审文件包括的内容

序号	主要内容	序号	主要内容
1	投标人组织与机构	6	下一年度财务预测报告
2	近3年完成工程的情况	7	施工机械设备情况
3	目前正在履行的合同情况	8	各种奖励或处罚资料
4	过去2年经审计过的财务报表	9	与本合同资格预审有关的其他资料。如是联合体投标应填报联合体每一成员的以上资料
5	过去2年的资金平衡表和负债表		

邀请招标一般是通过对投标人按照投标邀请书的要求提交或出示的有关文件和资料进行验证，确认自己的经验和所掌握的有关投标人的情况是否可靠、有无变化。邀请招标资格审查的主要内容见表2-19。

表2-19 邀请招标资格审查的内容

序号	主要内容
1	投标人组织与机构、营业执照、资质等级证书
2	近3年完成工程的情况
3	目前正在履行的合同情况
4	资源方面的情况，包括财务、管理、技术、劳力、设备等情况
5	受奖罚的情况和其他有关资料

(2) 购领招标文件和有关资料，缴纳投标保证金

投标人经资格审查合格后，便可向招标人申购园林工程招标文

件和有关资料，同时要缴纳投标保证金。

投标保证是为防止投标人对其投标活动不负责任而设定的一种担保形式，是招标文件中要求投标人向招标人缴纳的一定数额的金钱。投标保证金的收取和缴纳办法应在招标文件中说明，并按招标文件的要求进行。一般来说，投标保证金可以采用现金，也可以采用支票、银行汇票，还可以是银行出具的银行保函。银行保函的格式应符合招标文件提出的格式要求。投标保证金的额度，根据工程投资大小由业主在招标文件中确定。

(3) 组成投标班子，委托投标代理人

投标人在通过资格审查、购领了招标文件和有关资料之后，就要按招标文件确定的投标准备时间着手开展各项投标准备工作。投标准备时间是指从开始发放招标文件之日起至投标截止时间为止的期限，它由招标人根据工程项目的具体情况确定，一般为28d之内。而为按时进行投标，并尽最大可能使投标获得成功，投标人在购领招标文件后就需要有一个有经验的投标小组，以便对投标的全部活动进行通盘筹划、多方沟通和有效组织实施。承包商的投标小组一般都是常设的，但也有的是针对特定项目临时设立的。

投标人委托投标代理人必须签订代理合同，办理有关手续，明确双方的权利和义务关系。投标代理人的一般职责，见表2-20。

表2-20 投标代理人的一般职责

序号	主要内容
1	向投标人传递并帮助分析招标信息，协助投标人办理、通过招标文件所要求的资格审查
2	以投标人名义参加招标人组织的有关活动，传递投标人与招标人之间的对话
3	提供当地物资、劳动力、市场行情及商业活动经验，提供当地有关政策法规咨询服务，协助投标人做好投标书的编制工作，帮助递交投标文件
4	在投标人中标时，协助投标人办理各种证件申领手续，做好有关承包工程的准备工作
5	按照协议的约定收取代理费用。通常，如代理人协助投标人中标的，所收的代理费用会高一些，一般为合同总价的1%～3%

（4）参加踏勘现场和投标预备会

投标人拿到招标文件后，应进行全面细致的调查研究。若有疑问或不清楚的问题需要招标人予以澄清和解答的，应在收到招标文件后的 7 日内以书面形式向招标人提出。为获取与编制投标文件有关的必要的信息，投标人要按照招标文件中注明的现场踏勘（亦称现场勘察、现场考察）和投标预备会的时间和地点，积极参加现场踏勘和投标预备会。

投标人进行现场踏勘的内容，见表 2-21。

表 2-21　投标人进行现场踏勘的内容

序号	主要内容
1	园林工程的范围、性质以及与其他园林工程之间的关系
2	投标人参与投标的那一部分园林工程与其他承包商或分包商之间的关系
3	现场地貌、地质、水文、气候、交通、电力、水源等情况，有无障碍物等
4	进出现场的方式，现场附近有无食宿条件、料场开采条件、其他加工条件、设备维修条件等
5	现场附近治安情况

（5）编制和递交投标文件

经过现场踏勘和投标预备会后，投标人可以着手编制投标文件。投标人着手编制和递交投标文件的具体步骤和要求，见表 2-22。

（6）出席开标会议，参加评标期间的澄清会议

投标人在编制、递交了投标文件后，要积极准备出席开标会议。参加开标会议对投标人来说，既是权利也是义务。

在评标期间，评标组织要求澄清投标文件中不清楚问题的，投标人应积极予以说明、解释、澄清招标文件，一般可以采用向投标人发出书面询问，由投标人书面做出说明或澄清的方式，也可以采用召开澄清会的方式。澄清会是评标组织为有助于对投标文件的审

查、评价和比较，而个别地要求投标人澄清其投标文件（包括单价分析表）而召开的会议。在澄清会上，评标组织有权对投标文件中不清楚的问题，向投标人提出询问。有关澄清的要求和答复，最后均应以书面形式进行。

表 2-22 投标人进行现场踏勘的内容

序号	主要内容
1	结合现场踏勘和投标预备会的结果，进一步分析招标文件。招标文件是编制投标文件的主要依据
2	校核招标文件中的工程量清单。投标人是否校核招标文件中的工程量清单或校核得是否准确，直接影响到投标报价和中标的机会
3	根据园林工程类型编制施工规划或施工组织设计。施工规划和施工组织设计都是关于施工方法、施工进度计划的技术经济文件，是指导施工生产全过程组织管理的重要设计文件，是确定施工方案、施工进度计划和进行现场科学管理的主要依据之一
4	根据园林工程价格构成进行工程估价，确定利润方针，计算和确定报价。投标报价是投标的一个核心环节，投标人要根据园林工程价格构成对园林工程进行合理估价，确定切实可行的利润方针，正确计算和确定投标报价。投标人不得以低于成本的报价竞标
5	形成、制作投标文件。投标文件应完全按照招标文件的各项要求编制。投标文件应当对招标文件提出的实质性要求和条件做出响应，一般不能带任何附加条件，否则将导致投标无效
6	递送投标文件。递送投标文件，也称递标，是指投标人在招标文件要求提交投标文件的截止时间前，将所有准备好的投标文件密封送达投标地点。招标人收到投标文件后，应当签收保存，不得开启。投标人在递交投标文件以后，投标截止时间之前，可以对所递交的投标文件进行补充、修改或撤回，并书面通知招标人；但所递交的补充、修改或撤回通知必须按招标文件的规定编制、密封和标志。补充、修改的内容为投标文件的组织部分

（7）接受中标通知书，签订合同，提供履约担保，分送合同副本

经评标，投标人被确定为中标人后，应接受招标人发出的中标通知书。未中标的投标人有权要求招标人退还其投标保证金。中标人收到中标通知书后，应在规定的时间和地点与招标人签订合同。在合同正式签订之前，应先将合同草案报招标投标管理机构审查。经审查后，中标人与招标人在规定的期限内签订合同。

（8）投标的程序

园林工程投标程序，如图 2-2 所示。

2.3.4 报价

报价是投标全过程的核心工作，它不仅是能否中标的关键，而且对中标后能否盈利和盈利多少，也在很大程度上起着决定性的作用。

（1）报价的基础工作

首先应详细研究招标文件中的工程综合说明、设计图纸和技术说明，了解工程内容、场地情况和技术要求。其次应熟悉施工方案，核算工程量。通常可对招标文件中的工程量清单做重点抽查；如果没有工程量清单，则需按图纸计算。工程量清单核算无误之后，即可根据以造价管理部门统一制定的概（预）算定额为依据进行投标报价。目前各企业投标也可以自主报价，不一定受统一定额的制约，如有的大型园林施工企业有自己的企业定额，则可以此为依据。此外还应确定现场经费、间接费率和预期利润率。其中现场经费、间接费率是以直接费或人工费为基础，利润率则以工程直接费和间接费之和为基础，确定一个适当的百分数。根据企业的技术和经营管理水平，并考虑投标竞争的形势，可以有一定的伸缩余地。

（2）报价的内容

国内园林建设工程投标报价的内容，就是园林建设工程费的全部内容。如表 2-23 所列。

① 直接工程费由直接费、其他直接费和现场经费组成。

a. 直接费包括人工费、材料费和施工机械使用费，是施工过程中耗费的构成工程实体和有助于工程形成的各项费用。

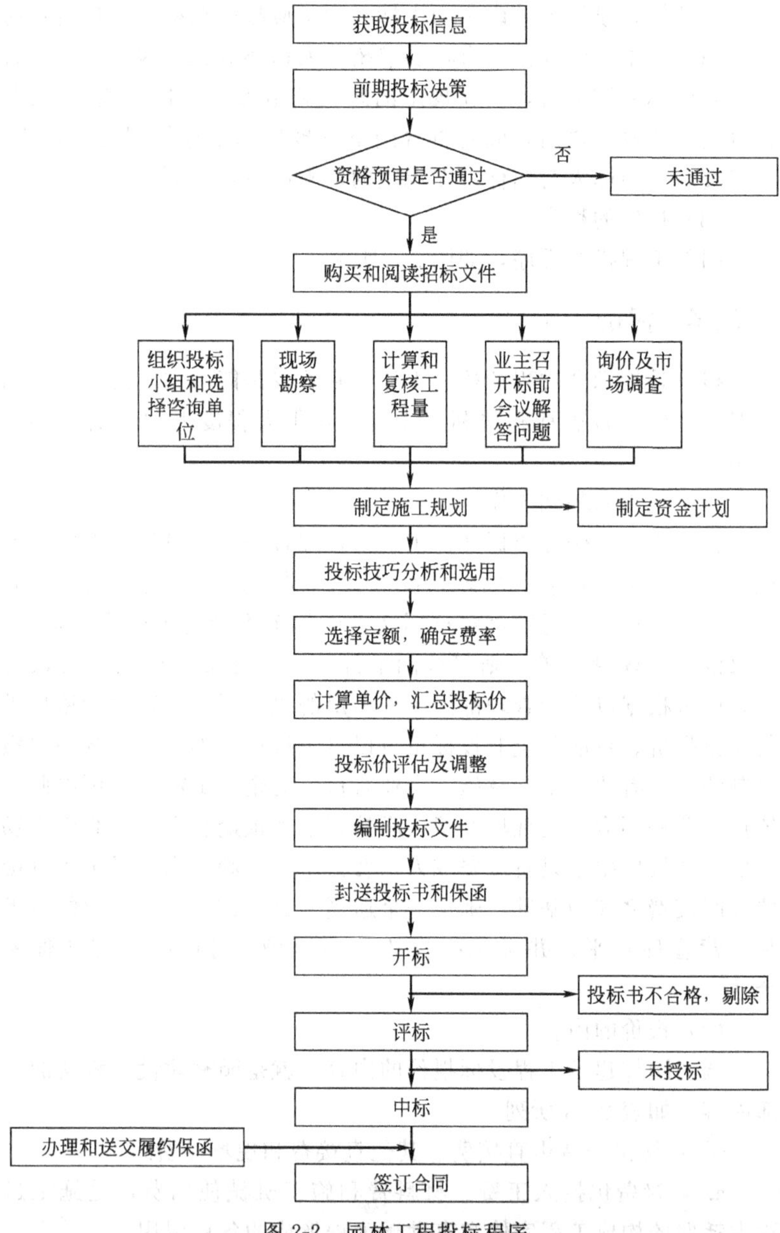

图 2-2 园林工程投标程序

表 2-23　我国现行园林建设工程费用构成

项目	费用项目		参考计算方法
直接工程费	直接费	人工费 材料费 施工机械使用费	Σ人工工日概预算定额×工资单价×实物工程量 Σ材料概预算定额×材料预算价格×实物工程量 Σ机械概预算定额×机械台班预算单价×实物工程量
	其他直接费		按定额
	现场经费	临时设施费 现场管理费	土建工程:(人工费+材料费+机械使用费)×取费率 绿化工程:(人工费+材料费+机械使用费)×取费率 安装工程:人工费×取费率
间接费	企业管费 财务费用 其他费用		土建工程:直接工程费×取费率 绿化工程:直接工程费×取费率 安装工程:人工费×取费率
盈利	计划利润		(直接工程费+间接费)×计划利润率
税金	含营业税、城乡维护建设税、教育费附加税		(直接工程费+间接费+计划利润)×计划利润率

b. 其他直接费指直接费以外的施工过程中发生的其他费用。同材料费、人工费、施工机械使用费相比，具有较大弹性。包括冬、雨季施工增加费，夜间施工增加费，因施工场地狭小等特殊情况而发生的材料二次搬运费，工程定位复测、工程点交、场地清理等费用，特殊工种培训费等。就具体单位工程来讲，可能发生，也可能不发生，需要根据现场施工条件加以确定。

c. 现场经费，指为施工准备、组织施工生产和管理所需的费用，包括临时设施费和现场管理费两方面内容。

② 园林建设工程间接费，指虽不直接由施工的工艺过程所引起，但却与工程的总体条件有关的园林施工企业为组织施工和进

行经营管理以及间接为园林施工生产服务的各项费用。按现行规定，园林建设工程间接费由企业管理费、财务费用和其他费用组成。

③ 计划利润，指按规定应计入园林建设工程造价的利润。

④ 税金，指按国家税法规定应计入园林建设工程造价内的营业税、城乡维护建设费及教育附加费。

（3）报价决策

报价决策就是确定投标报价的总水平。这是投标胜负的关键环节，通常由投标工作班子的决策人在主要参谋人员的协助下做出决策。

报价决策的工作内容，首先是计算基础标价，即根据工程量清单和报价项目单价表，进行初步测算，其间可能对某些项目的单价做必要的调整，形成基础标价。其次做风险预测和盈亏分析，即充分估计施工过程中的各种有关因素和可能出现的风险，预测对工程造价的影响程度。第三步测算可能的最高标价和最低标价，也就是测定基础标价可以上下浮动的界限。完成这些工作以后，决策人就可以靠自己的经验和智慧，做出报价决策。然后，方可编制正式标书。

基础标价、可能的最低标价和最高标价可分别按下式计算

基础标价＝∑报价项目×单价

最低标价＝基础标价－(估计盈利×修正系数)

最高标价＝基础标价＋(风险损失×修正系数)

考虑到在一般情况下，无论各种盈利因素或者风险损失，很少有可能在一个工程上百分之百地出现，所以应加一修正系数，这个系数凭经验一般取0.5～0.7。

2.4 思考题

1. 建设单位应该具备哪些条件？
2. 投标文件的组成要素是什么？

3. 公开招标一般都有哪些程序?

4. 评标的原则是什么?

5. 园林工程有哪些投标技巧?

6. 编制标底应该遵循哪些原则?

7. 园林工程招标与投标活动中恶性竞争主要表现在哪些方面?

3.1 园林工程项目的管理组织概述

（1）园林工程项目的管理组织的概念

组织是按照一定的宗旨和系统建立起来的集团，它是构成整个社会经济系统的基本单位。

组织的第一层含义是作为名词出现的，是指组织机构，组织机构是按一定领导体制、部门设置、层次划分、职责分工、规章制度和信息系统等构成的有机整体，是社会人的结合体，可以完成一定的任务，并为此而处理人和人、人和事、人和物之间的关系。

第二层含义是作为动词出现的，指组织行为（活动），即通过一定权力和影响力，为达到一定目标，对所需资源进行合理配置，处理人和人、人和事、人和物之间的关系的行为（活动）。

施工项目管理的组织，是指为进行施工项目管理、实现组织职能而进行的组织系统的设计与建立、组织运行和组织调整等三个方面工作的总称。

（2）园林工程项目管理组织的作用

① 组织机构是施工项目管理的组织保证。项目经理在启动项目管理之前，首先要做好组织准备，即建立一个能完成管理任务、令项目经理指挥灵便、运转自如、效率很高的项目组织机构——项目经理部，其目的就是为了提供进行施工项目管理的组织保障。

② 形成一定的权力系统以便进行集中统一指挥。权利由法定和拥戴产生。法定来自于授权，拥戴来自于信赖。法定或拥戴都会产生权力和组织力。组织机构的建立，首先是以法定的形式产生权力。权力是工作的需要，是管理地位形成的前提，是组织活动的反映和保障。没有组织机构，便没有权力，也没有权力的运用。权力取决于组织机构内部是否团结一致，越团结，组织就越有权力和组织力，所以施工项目组织机构的建立要伴随着授权，以便使权力的使用更好地为实现施工项目管理的目标服务。

③ 形成责任制和信息沟通体系。责任制是施工项目组织中的核心问题。没有责任就不称其为项目管理机构，也就不存在项目管理。一个项目组织能否有效地运转，取决于是否有健全的岗位责任制。施工项目组织的每个成员都应肩负一定的责任，责任是项目组织对每个成员规定的一部分管理活动和生产活动的具体内容。

(3) 园林工程项目管理组织的设置原则

① 目的性原则；

② 精干高效原则；

③ 管理跨度和分层统一的原则；

④ 业务系统化管理原则；

⑤ 弹性和流动性原则；

⑥ 项目组织与企业组织一体化原则。

3.2 园林工程项目管理组织的形式

(1) 工作队式项目组织

① 特征

a. 按照特定对象原则，由企业各职能部门抽调人员组建项目管理组织机构（工作队），不打乱企业原建制。

b. 项目管理组织机构由项目经理领导，有较大独立性。在工程施工期间，项目组织成员与原单位中断领导与被领导关系，不受其干扰，但企业各职能部门可为之提供业务指导。

c. 项目管理组织与项目施工同寿命。项目中标或确定项目承包后，即组建项目管理组织机构；企业任命项目经理；项目经理在企业内部选聘职能人员组成管理机构；竣工交付使用后，机构撤销，人员返回原单位。

② 适用范围。这种项目组织类型适用于大型项目、工期要求紧迫的项目、要求多工种多部门密切配合的项目。

③ 优、缺点

a. 优点

• 项目组织成员来自企业各职能部门和单位熟悉业务的人员，各有专长，可互补长短，协同工作，能充分发挥其作用。

• 各专业人员集中现场办公，减少了扯皮和等待时间，工作效率高，解决问题快。

• 项目经理权力集中，行政干预少，决策及时，指挥得力。

• 由于这种组织形式弱化了项目与企业职能部门的结合部，因而项目经理便于协调关系而开展工作。

b. 缺点

• 组建之初来自不同部门的人员彼此之间不够熟悉，可能配合不力。

• 由于项目施工一次性的特点，有些人员可能存在临时观点。

• 当人员配置不当时，专业人员不能在更大范围内调剂余缺，往往造成忙闲不均，人才浪费。

• 对于企业来讲，专业人员分散在不同的项目上，相互交流困难，职能部门的优势难以发挥。

（2）部门控制式项目组织

① 特征

a. 按照职能原则建立项目管理组织。

b. 不打乱企业现行建制，即由企业将项目委托其下属某一专业部门或某一施工队。被委托的专业部门或施工队领导在本单位组织人员，并负责实施项目管理。

c. 项目竣工交付使用后，恢复原部门或施工队建制。

② 适应范围。一般适用于小型的、专业性较强的，不需涉及

众多部门配合的施工项目。

③ 优、缺点

a. 优点

• 利用企业下属的原有专业队伍承建项目，可迅速组建施工项目管理组织机构。

• 人员熟悉，职责明确，业务熟练，关系容易协调，工作效率高。

b. 缺点

• 不适应大型项目管理的需要。

• 不利于精简机构。

(3) 矩阵式项目组织

① 特征

a. 按照职能原则和项目原则结合起来建立的项目管理组织，既能发挥职能部门的纵向优势，又能发挥项目组织的横向优势，多个项目组织的横向系统与职能部门的纵向系统形成了矩阵结构。

b. 企业专业职能部门是相对长期稳定的，项目管理组织是临时性的。职能部门负责人对项目组织中本单位人员负有组织调配、业务指导、业绩考察责任。项目经理在各职能部门的支持下，将参与本项目组织的人员在横向上有效地组织在一起，为实现项目目标协同工作，项目经理对其有权控制和使用，在必要时可对其进行调换或辞退。

c. 矩阵中的成员接受原单位负责人和项目经理的双重领导，可根据需要和可能为一个或多个项目服务，并可在项目之间调配，充分发挥专业人员的作用。

② 适用范围

a. 适用于同时承担多个工程项目管理的企业。

b. 适用于大型、复杂的施工项目。因大型、复杂的施工项目要求多部门、多技术、多工种配合实施，在不同阶段，对不同人员，有不同数量和不同搭配的需求。

③ 优、缺点

a. 优点

• 兼有部门控制式和工作队式两种项目组织形式的优点，将职能原则和项目原则结合，融为一体，而实现企业长期例行性管理和项目一次性管理的一致。

• 能通过对人员的及时调配，以尽可能少的人力实现多个项目管理的高效率。

• 项目组织具有弹性和应变能力。

b. 缺点

• 矩阵制式项目组织的结合部多，组织内部的人际关系、业务关系、沟通渠道等都较复杂，容易造成信息量膨胀，引起信息流不畅或失真，需要依靠有力的组织措施和规章制度规范管理。若项目经理和职能部门负责人双方产生重大分歧，难以统一时，还需企业领导出面协调。

• 项目组织成员接受原单位负责人和项目经理的双重领导，当领导之间发生矛盾，意见不一致时，当事人将无所适从，影响工作。在双重领导下，若组织成员过于受控于职能部门时，将削弱其在项目上的凝聚力，影响项目组织作用的发挥。

• 在项目施工高峰期，一些服务于多个项目的人员，可能应接不暇而顾此失彼。

(4) 事业部式项目组织

① 特征

a. 企业成立事业部，事业部对企业是职能部门，对外有相对独立的经营权，可以是一个独立单位。

b. 事业部下设项目经理部，项目经理由事业部选派，一般对事业部负责，有的可以直接对业主负责，是根据其授权程序决定的。

② 适用范围

a. 适合大型经营型企业承包施工项目的采用。

b. 远离企业本部的施工项目，海外工程项目。

c. 适宜在各个地区有长期市场或有多种专业化施工力量的企业采用。

③ 优、缺点

a. 优点

• 事业部制式项目组织能充分调动发挥事业部的积极性和独立经营作用，便于延伸企业的经营职能，有利于开拓企业的经营业务领域。

• 事业部制式项目组织形式，能迅速适应环境变化，提高公司的应变能力。既可以加强公司的经营战略管理，又可以加强项目管理。

b. 缺点

• 企业对项目经理部的约束力减弱，协调指导机会减少，以至于有时会造成企业结构松散。

• 事业部的独立性强，企业的综合协调难度大，必须加强制度约束和规范化管理。

3.3 园林工程施工项目经理、项目经理部

(1) 园林工程施工项目经理

园林工程施工项目经理是受企业法定代表人委托，对工程项目施工过程全面负责的项目管理者，是建设施工企业法定代表人在工程项目上的代表人。

① 施工项目经理应具备的基本条件

a. 政治素质。施工项目经理是建筑施工企业的重要管理者，故应具备较高的政治素质和职业道德。

b. 领导素质。施工项目经理是一名领导者，应具有较高的领导和组织能力、指挥能力，要博学多识，明礼诚信；要多谋善断，灵活机变；要知人善任，团结友爱；要公道政治，勤俭自强；要铁面无私，赏罚分明。

c. 知识素质。应具有大专以上相应学历，懂得建筑施工技术知识、经济知识、经营管理知识和法律知识。特别要精通项目管理的基本理论和方法，懂得施工项目管理的规律。每个项目经理应接受过专门的项目经理培训，并获得相应资质。

d. 实践经验。项目经理必须具有较长时间的施工实践工作经历，在同类建设管理现场担任过高级管理职务，并按规定参加过一定的专业训练。

e. 身体素质。施工项目经理应身体健康，以便在实际工作中保持充沛的精力和坚强的意志，高效地完成项目管理工作。

② 施工项目经理的责、权、利

a. 施工项目经理的任务与职责

• 施工项目经理的任务与职责主要包括两个方面：一是要保证施工项目按照规定的目标高速、优质、低耗地全面完成，另一方面是保证各生产要素在项目经理授权范围内最大限度地优化配置。

• 施工项目经理的职责。

b. 施工项目经理的权限。施工项目经理的权限由企业法人代表授予，并用制度和目标责任书的形式具体确定下来。应具有以下权限：用人权限；财务支付权限；进度计划控制权限；技术质量决策权限；物资采购管理权限；现场管理协调权限。

中华人民共和国住房和城乡建设部有关文件中对施工项目经理的管理权力作了以下规定。

• 组织项目管理班子。

• 以企业法人代表的代表身份处理与所承担的工程项目有关的外部关系，受委托签署有关合同。

• 指挥工程项目建设的生产经营活动，调配并管理进入工程项目的人力、资金、物资、机械设备等生产要素。

• 选择施工作业队伍。

• 进行合理的经济分配。

• 企业法定代表人授予的其他管理权力。

c. 施工项目经理的利益。施工项目经理实行的是承包责任制，这是以施工项目经理负责为前提，以施工图预算为依据，以承包合同为纽带而实行的一次性、全过程的施工承包经营管理。项目经理按规定的标准享受岗位效益工资和奖金，年终各项指标和总工程都达到承包合同指标要求的，按合同奖罚一次兑现，其年度奖励可分为风险抵押金的3～5倍。

(2) 园林工程施工项目经理部

建设工程施工项目经理部是由企业委托，受权代表企业履行工程承包合同，进行施工项目管理的工作班子，是企业组织生产经营的基础。

① 施工项目经理部的部门设置包括以下五个管理部门。

a. 经营核算部门；

b. 工程技术部门；

c. 物资设备部门；

d. 监控管理部门；

e. 测试计量部门。

施工项目经理部也可按控制目标进行设置，包括进度控制、质量控制、成本控制、安全控制、合同管理、信息管理和组织协调等部门。

② 施工项目经理部的作用。项目经理部是施工项目管理工作班子，置于项目经理的领导之下。为了充分发挥项目经理部在项目管理中的主体作用，必须对项目经理部的机构设置加以特别重视，设计好，组建好，运转好，从而发挥其应有功能。

a. 项目经理部在项目经理领导下，作为项目管理的组织机构，负责施工项目从开工到竣工的全过程施工生产经营的管理，是企业在某一工程项目上的管理层，同时对作业层负有管理与服务双重职能。作业层工作的质量取决于项目经理部的工作质量。

b. 项目经理部是项目经理的办事机构，为项目经理决策提供信息依据，当好参谋，同时又要执行项目经理的决策意图，向项目经理全面负责。

c. 项目经理部是一个组织体，其作用包括：完成企业所赋予的基本任务项目管理和专业管理任务等；凝聚管理人员的力量，调动其积极性，促进管理人员的合作，建立为事业的献身精神；协调部门之间、管理人员之间的关系，发挥每个人的岗位作用，为共同目标进行工作；影响和改变管理人员的观念和行为，使个人的思想、行为变为组织文化的积极因素；贯彻组织责任制，搞好管理；沟通部门之间、项目经理部与作业队之间、与公司之间、与环境之间的信息。

d. 项目经理部是代表企业履行工程承包合同的主体，也是对最终建筑产品和业主全面、全过程负责的管理主体；通过履行主体与管理主体地位的体现，使每个工程项目经理部成为企业进行市场竞争的主体成员。

③ 施工项目经理部管理制度。施工项目经理部的主要管理制度有：施工项目管理岗位责任制度；施工项目技术与质量管理制度；图样与技术档案管理制度；计划、统计与进度报告制度；施工项目成本核算制度；材料、机械设备管理制度；施工项目安全管理制度；文明生产与场容管理制度；信息管理制度；例会和组织协调制度；分包和劳务管理制度；内外部沟通与协调管理制度等。

（3）园林工程施工项目管理规划

① 施工项目管理规划的概念。施工项目管理规划是对施工项目管理的各项工作进行的综合性的、完整的、全面的总体计划。从总体上应包括如下主要内容：项目管理目标的研究与细化；范围管理与结构分解；实施组织策略的制定；工作程序；任务的分配；采用的步骤与方法；资源的安排和其他问题的确定等。

施工项目管理规划有两类：一类是施工项目管理规划大，这是满足招标文件要求及签订合同要求的管理规划文，是企业管理层在投标之前编制的，旨在作为投标依据。

另一类是施工项目管理实施规划，这是指导施工项目实施阶段管理的规划文件，一般在开工之前由项目经理主持编制。

② 施工项目管理规划编制依据

a. 编制项目管理规划大纲应依据的资料。

b. 编制项目管理实施规划应依据的资料。

③ 施工项目管理规划的内容。施工项目管理规划的内容，见表 3-1 所示。

表 3-1 施工项目管理规划的内容

序号	分类	内容
1	施工项目管理规划大纲的内容	①项目概况描述
		②项目实施条件分析
		③管理目标描述
		④拟定的项目组织结构
		⑤质量目标规划和施工方案
		⑥工期目标规划和施工总进度计划
		⑦成本目标规划
		⑧项目风险预测和安全目标规划
		⑨项目现场管理规划和施工平面图
		⑩投标和签订施工合同规划
		⑪文明施工及环境保护规划
2	施工项目管理实施规划的内容	①工程概况的描述
		②施工部署
		③施工方案
		④施工进度计划
		⑤资源供应计划
		⑥施工准备工作计划
		⑦施工平面图
		⑧施工技术组织措施计划
		⑨项目风险管理规划
		⑩技术经济指标的计算与分析

3.4 思 考 题

1. 什么是园林工程项目的管理组织？
2. 矩阵式项目组织的优缺点分别是什么？
3. 事业部式项目组织与部门控制式项目组织的区别是什么？
4. 施工项目经理部的作用是什么？

4 园林工程项目施工准备和设计

4.1 园林工程项目的施工准备

4.1.1 园林工程项目施工的准备工作

（1）施工准备工作

园林工程施工准备工作是指对设计图纸和施工现场确认核实后进行的施工准备。按准备工作范围可分为全场性施工准备、单位（项）工程施工条件准备和分部（项）工程作业条件准备三种。

（2）施工准备工作的内容

① 技术准备

a. 认真做好扩大初步设计方案的审查工作。园林工程施工任务确定以后，应提前与设计单位结合，掌握扩大初步设计。

b. 图纸现场签证是在工程施工中，依据技术核定和设计变更签证制度的原则，对所发现的问题进行现场签证，作为指导施工、竣工验收和结算的依据。

在研究图纸时，特别需要注意的是特殊施工说明书的内容、施工方法、工期以及所确认的施工界限等。

c. 原始资料调查分析。原始资料调查分析不仅要对工程施工现场所在地区的自然条件、社会条件进行收集、整理分析和不足部分补充调查，还包括工程技术条件的调查分析。调查分析的内容和详尽程度以满足工程施工要求为准。

d. 编制施工图预算和施工预算。施工图预算应按照施工图纸所确定的工程量、施工组织设计拟定的施工方法、建设工程预算定额和有关费用定额，由施工单位编制。施工图预算是建设单位和施工单位签订工程合同的主要依据，是拨付工程价款和竣工决算的主要依据，也是实行招投标和工程建设包干的主要依据，是施工单位安排施工计划、考核工程成本的依据。

施工预算是施工单位内部编制的一种预算。在施工图预算的控制下，结合施工组织设计的平面布置、施工方法、技术组织措施以及现场施工条件等因素编制而成的。

e. 编制施工组织设计。拟建的园林建设工程应根据其规模、特点和建设单位要求，编制指导该工程施工全过程的施工组织设计。

② 物资准备。园林建设工程物资准备工作内容包括土建材料准备、绿化材料准备、构（配）件和制品加工准备、园林施工机具准备 4 部分。

③ 劳动组织准备。劳动组织准备包括如下内容。

a. 确定的施工项目管理人员应是有实际工作经验和相应资质证书的专业人员。

b. 有能进行指导现场施工的专业技术人员。

c. 各工种应有熟练的技术工人，并应在进场前进行有关的技术培训和入场教育。

④ 施工现场准备。大中型的综合园林工程建设项目应做好完善的施工现场准备工作。

a. 施工现场控制网测量。根据给定永久性坐标和高程，按照总平面图的要求，进行施工场地控制网测量，设置场区永久性控制测量标桩。

b. 做好“四通一清”，认真设置消火栓。确保施工现场水通、电通、道路通、通信畅通和场地清理；应按消防要求，设置足够数量的消火栓。园林工程建筑中的场地平整要因地制宜，合理利用竖向条件，既要便于施工，减少土方搬运量，又要保留良好的地形景观，创造立体景观效果。

c. 建造施工设施。按照施工平面图和施工设施需要量计划，建造各项施工设施，为正式开工准备好用房。

d. 组织施工机具进场。根据施工机具需要量计划，按施工平面图要求，组织施工机械、设备和工具进场，按规定地点和方式存放，并应进行相应的保养和试运转等项准备工作。

e. 组织施工材料进场。根据各项材料需要量计划，组织其有序进场，按规定地点和方式存货堆放；植物材料一般应随到随栽，不需提前进场，若进场后不能立即栽植，要选择好假植地点，严格按假植技术要求认真假植，并做好养护工作。

f. 做好季节性施工准备。按照施工组织设计要求，认真落实雨季施工和高温季节施工项目的施工准备。

⑤ 施工场外协调

a. 材料选购、加工和订货根据各项材料需要量计划，同建材生产加工、设备设施制造、苗木生产单位取得联系，签订供货合同，保证按时供应；植物材料因为没有工业产品的整齐划一，所以要在去多家苗圃仔细选苗的基础上，选择符合设计要求的优质苗木。园林中特殊的景观材料（如山石等）需要事先根据设计需要进行选择以作备用。

b. 施工机具租赁或订购。对于本单位缺少且需用的施工机具，应根据需要量计划，同有关单位签订租赁合同或订购合同。

c. 选定转包、分包单位。签订合同，理顺转包、分包、承包的关系，但应防止将整个工程全部转包的方式。

4.1.2 园林工程施工准备计划

园林工程施工组织设计的准备计划就是对拟施工工程的总体情况、工程性质等进行概括性描述，主要内容是科学合理地安排劳动力、材料、设备等。园林绿化工程施工的准备工作包括工程基本情况、技术准备、物资准备、劳动组织准备、施工现场准备和施工场外协调等几部分。

园林工程施工组织设计的准备计划主要包括工程概况和施工准备计划及部署。

（1）工程概况

工程概况即拟建工程基本情况，主要内容包括以下几方面。

① 说明工程的名称、地点、规模、性质、工期、承包方式及工程质量标准要求等。

② 说明施工单位和设计单位的名称、上级要求、图样状况以及工程当地的地质地貌、土壤、水文、气象等环境因素。

③ 说明施工总体部署情况等。

（2）施工准备计划及部署

园林工程施工准备计划及部署的编制大致上可分为劳动力组织准备、物资准备、技术准备、现场准备四大部分，分别针对与园林工程施工直接相关的人力、物资、技术、场地等准备工作做出整体的部署，并有计划、有原则地落实到各个细节。一个良好的工程施工准备计划及部署工作是园林工程顺利完成的必要的前提条件。

园林工程施工准备计划及部署主要包括以下几方面内容。

① 项目管理机构设置。园林工程施工通常实行项目经理负责制，采用项目成本核算制的项目法施工模式，以项目经理、技术、质量安全、物资供应等主要人员为中心，组织精干、高效的项目经理部，对工程质量、工期目标、施工安全、文明施工、项目核算及施工全过程负责。

② 劳动力投入计划安排。根据具体工程的要求工期与工程量，合理安排劳动力投入计划，使之既能够在要求工期内完成规定的工程量，又能做到经济、节约。科学的劳动力安排计划要达到各工种间的相互配合以及劳动力在各施工阶段之间的有效调剂，从而达到各项指标的最佳安排。

③ 园林机械设备配备计划。现代园林景观工程的规模日益向大型化的方向发展，所涉及的工种也越来越多，因此，大型园林景观工程的实施就必须借助多种有效的园林机械设备才能进行良好的运作。良好的机械设备投入计划往往能达到事半功倍的效果。

④ 物资材料准备。园林工程施工物资材料准备主要包括土建材料准备、构（配）件和制品加工准备、园林植物材料等。

⑤ 施工技术准备。这方面的工作主要是从技术层面入手，为园林绿化工程施工做准备。组织有关人员研究熟悉设计图样的详细内容，以便掌握设计意图，同时对施工现场所在地区的自然条件、社会条件和工程技术条件进行收集、整理分析，确认现场状况，以便为编制施工方案和工程施工提供各项依据。

⑥ 施工现场准备。大中型的综合园林工程建设项目应做好完善的施工现场准备工作。

a. 做好施工现场“四通一平”等准备工作，确保施工现场水通、电通、道路通、通信畅通和场地平整。

b. 按照施工平面图和施工设施需要量计划，建造各项施工设施，为正式开工做好用房准备。

c. 做好施工现场内外协助配合的准备工作。

d. 按照总平面图要求，进行施工场地控制网测量，设置场区永久性控制测量点。

4.2 园林工程施工组织设计

4.2.1 施工组织设计概述

4.2.1.1 施工组织设计的分类

施工组织设计分为投标前的施工组织设计（简称“标前设计”）和投标后的施工组织设计（简称“标后设计”）。前者应起到“项目管理规划大纲”的作用，满足编制投标书和签订施工合同的需要；后者应起到“项目管理实施规划”的作用，满足施工项目准备和施工的需要。标后设计又可根据设计阶段和编制对象的不同划分为施工组织总设计、单位工程施工组织设计和分部（分项）工程施工组织设计。

施工组织设计按设计阶段、编制时间、编制对象范围、使用时间的长短和编制内容的繁简程度不同，有以下分类情况。

（1）按设计阶段的不同分类

施工组织设计的编制一般同设计阶段相配合。

① 设计按两个阶段进行时，施工组织设计分为施工组织总设计（扩大初步施工组织设计）和单位工程施工组织设计两种。

② 设计按三个阶段进行时，施工组织设计分为施工组织设计大纲（初步施工组织条件设计）、施工组织总设计和单位工程施工组织设计三种。

（2）按编制时间不同分类

施工组织设计按编制时间不同可分为投标前编制的施工组织设计（简称标前设计）和签订工程承包合同后编制的施工组织设计（简称标后设计）两种。

（3）按编制对象范围的不同分类

施工组织设计按编制对象范围的不同可分为施工组织总设计、单位工程施工组织设计、分部分项工程施工组织设计三种。

① 施工组织总设计。施工组织总设计是以一个建筑群或一个建设项目为编制对象，用以指导整个建筑群或建设项目施工全过程的各项施工活动的技术、经济和组织的综合性文件。施工组织总设计一般在初步设计或扩大初步设计被批准之后，在总承包企业的总工程师领导下进行编制。

② 单位工程施工组织设计。单位工程施工组织设计是以一个单位工程（如一个建筑物或构筑物）为编制对象，用以指导其施工全过程的各项施工活动的技术、经济和组织的综合性文件。单位工程施工组织设计一般在施工图设计完成后，在施工项目开工之前，由项目经理组织，在技术负责人领导下进行编制。

③ 分部分项工程施工组织设计。分部分项工程施工组织设计是以分部分项工程为编制对象，用以具体实施其施工全过程的各项施工活动的技术、经济和组织的综合性文件。分部分项工程施工组织设计一般是同单位工程施工组织设计的编制同时进行的，并由单位工程的技术人员负责编制。

此外，施工组织设计按编制内容的繁简程度不同可分为完整的施工组织设计和简单的施工组织设计两种。按使用时间长短不同分为长期施工组织设计、年度施工组织设计和季度施工组织设计三种。

4.2.1.2 施工组织设计的内容

园林工程施工组织设计的内容大体上包括工程概况、施工方案、施工进度计划、施工现场平面布置图和主要技术经济指标五大部分。由于各个园林工程的具体情况以及要求不同而反映在各部分的内容深度上也有差异。因此，应该根据不同的工程特点确定每部分的侧重点，有针对性地确定施工组织设计的重点。施工组织设计的内容要根据工程对象和工程特点，结合现有和可能的施工条件以及当地的施工水平，从实际出发确定。

(1) 工程概况

工程概况是对拟建工程总体情况基本性、概括性的描述，其目的是通过对工程的简要介绍，说明工程的基本情况，明确任务量、难易程度、施工重点难点、质量要求、限定工期等，以便制订能够满足工程要求、合理、可行的施工方法、施工措施、施工进度计划和施工现场布置图。

(2) 施工方案

施工方案选择是依据工程概况，结合人力、材料、机械设备等条件，全面部署施工任务；安排总的施工顺序，确定主要工种工程的施工方法；对施工项目根据各种可能采用的几种方案，进行定性、定量的分析，通过技术经济评价，选择最佳施工方案。

(3) 施工进度计划

施工进度计划反映了最佳施工方案在时间上的具体安排；采用计划的方法，使工期、成本、资源等方面，通过计算和调整达到既定的施工项目目标。施工进度计划可采用线条图或网络图的形式编制。在施工进度计划的基础上，可编制出劳动力和各种资源需要量计划和施工准备工作计划。

(4) 施工平面布置图

施工（总）平面图是施工方案及施工进度计划在空间上的全面安排。它是把投入的各种资源（如材料、构件、机械、运输道路、水电管网等）和生产、生活活动场地合理地部署在施工现场，使整个现场能进行有组织、有计划的文明施工。

(5) 主要技术经济指标

主要技术经济指标是对确定的施工方案及施工部署的技术经济效益进行全面的评价，用以衡量组织施工的水平。施工组织设计常用的技术经济指标如下。

① 工期指标；

② 劳动生产率指标；

③ 机械化施工程度指标；

④ 质量、安全指标；

⑤ 降低成本指标；

⑥ 节约“三材”（钢材、木材、水泥）指标等。

不同的施工组织设计在内容和深度方面不尽相同。各类施工组织设计编制的主要内容，应根据建设工程的对象及其规模大小、施工期限、复杂程度、施工条件等情况决定其内容的多少、深浅、繁简程度。编制必须从实际出发，以实用为主，确实能起到指导施工的作用，以避免冗长、烦琐、脱离施工实际条件。各类施工组织设计的编制内容简述如下。

① 施工组织总设计。施工组织总设计是以整个建设项目或群体项目为对象编制的，是整个建设项目或群体工程施工的全局性、指导性文件。

施工组织总设计的主要内容，见表 4-1 所示。

表 4-1　施工组织总设计的主要内容

内容	说　明
施工部署和施工方案	施工项目经理部的组建，施工任务的组织分工和安排，重要单位工程施工方案，主要工种工程的施工方法，“三通一平”规划
施工准备工作计划	测量控制网的确定和设置，土地征用，居民迁移，障碍物拆除，掌握设计进度和设计意图，编制施工组织设计，研究采用有关新技术、新材料、新设备、技术组织措施，进行科研试验，大型临时设施规划，施工用水、电、路及场地平整工作的安排，技术培训，物资和机具的申请和准备等
各项需要量计划	劳动力需要量计划，主要材料与加工品需用量计划和运输计划，主要机具需用量计划，大型临时设施建设计划等

续表

内容	说　明
施工总进度计划	编制施工总进度图表,用以控制工期,控制各单位工程的搭接关系和持续时间,为编制施工准备工作计划和各项需要量计划提供依据
施工平面布置图	对施工所需的各项设施及这些设施的现场位置、相互之间的关系、它们和永久性建筑物之间的关系和布置等,进行规划和部署,绘制成布局合理、使用方便、利于节约、保证安全的施工总平面布置图
技术经济指标分析	用以评价上述设计的技术经济效果,并作为今后考核的依据

② 单位工程施工组织设计。单位工程施工组织设计是具体指导施工的文件，是施工组织总设计的具体化。它是以单位工程或一个交工系统工程为对象编制的。

单位工程施工组织设计的内容与施工组织总设计类似，具体内容见表 4-2。

表 4-2　单位工程施工组织设计的内容

内容	说明
工程概况	工程特点、建设地点特征、施工条件三个方面
施工方案	确定施工程序和施工流向,划分施工段,主要分部分项工程施工方法的选择和施工机械选择,确定技术组织措施
施工进度计划	确定施工顺序,划分施工项目,计算工程量、劳动量和机械台班量,确定各施工过程的持续时间并绘制进度计划图
施工准备工作计划	技术准备,现场准备,劳动力、机具、材料、构件、加工半成品的准备等
编制各项需用量计划	材料需用量计划,劳动力需用量计划,构件、加工半成品需用量计划,施工机具需用量计划
施工平面图	标明单位工程施工所需施工机构、加工场地、材料、构件等的放置场地及临时设施在施工现场合理布置的图形
技术经济指标	—

以上单位工程施工组织设计内容中，以施工方案、施工进度计划和施工平面图三项最为关键，它们分别规划单位工程施工的技

术、时间、空间三大要素。在设计中，应加大力量进行研究和筹划。

（6）分部工程施工组织设计

它的编制对象是难度较大、技术复杂的分部（分工种）工程或新技术项目，用来具体指导这些工程的施工。主要内容包括：施工方案、进度计划、技术组织措施等。

对施工组织设计来说，从突出“组织”的角度出发，在编制施工组织设计时，应重点编好以下三项内容。

① 在施工组织总设计中是施工部署和施工方案，在单位工程施工组织设计中是施工方案和施工方法。前者的关键是“安排”，后者的关键是“选择”。这一部分是解决施工中的组织指导思想和技术方法问题。在操作时应努力在“安排”和“选择”上做到优化。

② 在施工组织总设计中是施工总进度计划，在单位工程施工组织设计中是施工进度计划，这部分所要解决的问题是顺序和时间。“组织”工作是否得力，主要看时间是否利用合理，顺序是否安排得当，巨大的经济效益寓于时间和顺序的组织之中，绝不能忽视。

③ 在施工组织总设计中是施工平面布置图，在单位工程施工组织设计中是施工平面图。这一部分是解决空间问题和涉及“投资”问题。它的技术性、经济性都很强，还涉及许多政策和法规，如占地、环保、安全、消防、用电、交通等。

总之，三个重点突出了施工组织设计中的技术、时间和空间三大要素，这三者又是密切相关的，设计的顺序也不能颠倒。抓住这三点，其他方面的设计内容也就好办了。

4.2.1.3 施工组织设计的基本要求

（1）严格遵守国家和合同规定的工程竣工及交付使用期限

总工期较长的大型建设项目，应根据生产的需要，安排分期分批建设，配套投产或交付使用，从实质上缩短工期，尽早地发挥国家建设投资的经济效益。

在确定分期分批施工的项目时，必须注意使每期交工的一套项目可以独立地发挥效用，使主要的项目同有关的附属辅助项目同时完工，以便完工后可以立即交付使用。

（2）合理安排施工顺序

园林施工有其本身的客观规律，遵循这种规律组织施工，能够保证各项施工活动相互促进、紧密衔接，避免不必要的重复工作，加快施工速度，缩短工期。

园林施工特点之一是园林产品的固定性，致使园林施工活动必须在同一场地上进行，这样，没有完成前一阶段的工作，后一阶段工作就不可能进行，即使它们之间交错搭接进行，也必须严格遵守一定的顺序。顺序反映客观规律要求，交叉则体现争取时间的主观努力。因此，在编制施工组织设计时，必须合理地安排施工顺序。

虽然园林施工顺序会随工程性质、施工条件和使用要求而有所不同，但还是能够找出可以遵循的共同性规律的。在安排施工顺序时，通常应当考虑以下几点。

① 要及时完成有关的施工准备工作，为正式施工创造良好条件。包括砍伐树木，拆除已有的建筑物，清理场地，设置围墙，铺设施工需要的临时性道路以及供水、供电管网，建造临时性工房、办公用房等。准备工作根据施工需要，可以一次完成或是分期完成。

② 正式施工时应该先进行场地平整、管网铺设、道路修筑等全场性工程及修建可供使用的永久性建筑物，然后再进行各个工程子项目的施工。在安排管线道路施工程序时，一般宜先场外、后场内，场外由远而近，先主干后分支。地下工程要先深后浅，排水要先下游、后上游。

③ 对于单个构筑物的施工顺序，既要考虑空间顺序，也要考虑工种之间的顺序。空间顺序是解决施工流向的问题，它必须根据生产需要、缩短工期和保证工程质量的要求来确定。工种顺序是解决时间上搭接的问题，它必须做到保证质量、工种之间互相创造条件、充分利用工作面、争取时间。

（3）用流水作业法和网络计划技术安排进度计划

采用流水方法组织施工，以保证施工连续地、均衡地、有节奏地进行，合理地使用人力、物力和财力，好、快、省、安全地完成施工任务。网络计划是理想的计划模型，可以为编制优化、调整提供优越条件。

(4) 恰当地安排冬雨季施工项目

对于那些必须进入冬雨季施工的工程，应落实季节性施工措施，以增加全年的施工日数，提高施工的连续性和均衡性。

(5) 合理使用新技术

贯彻多层次技术结构的技术政策，因地制宜地促进技术进步和建筑工业化的发展。积极采用新材料、新工艺、新设备与新技术，努力为新技术结构的推行创造条件。促进技术进步和发展工业化施工要结合工程特点和现场条件，使技术的先进性、适用性和经济合理性相结合。

(6) 均衡施工

从实际出发，做好人力、物力的综合平衡，组织均衡施工。

此外，还应尽量利用永久性工程、原有或就近已有设施，以减少各种暂设工程；尽量利用当地资源，合理安排运输、装卸与储存，减少物资运输量和二次搬运量；精心进行场地规划布置，节约施工用地，不占或少占农田，防止工程事故，做到文明施工。

4.2.1.4 施工组织设计的编制

园林工程施工组织设计是对拟建园林工程的施工提出全面的规划、部署，用来指导园林工程施工的技术性文件。园林工程施工组织设计的本质是根据园林工程的特点与要求，以先进科学的施工方法和组织手段，科学合理地安排劳动力、材料、设备、资金和施工方法，以达到人力与物力、时间与空间、技术与经济、计划与组织等诸多方面的合理优化配置，从而保证施工任务的顺利完成。

(1) 园林工程施工组织设计遵循的原则

要使施工组织设计做到科学、实用，就要求编制人员在编制思路上吸取多年来工程施工中积累的成功经验。在编制过程中应遵循相关的施工规律、理论和方法，在编制方法上应集思广益，逐步完善。因此，在编制施工组织设计时必须贯彻如下原则。

① 严格按照国家相关政策、法规和工程承包合同进行编制和

实施。

② 采用先进的施工技术和管理方法，选择合理的施工方案，实现工程进度的最优设计。

③ 符合园林工程特点，体现园林综合特性。园林工程大多为综合性工程，所涉及的施工范围非常广泛。同时，由于园林工程特有的艺术特性，其造型自由、灵活、多样。因此，园林工程的施工组织设计也必须满足实际设计的要求，严格按照设计图样规范和相关要求，不得随意修改设计内容，并对实际施工中可能遇到的其他情况拟定防御措施。因此，必须透彻理解园林工程图样，熟识相关园林工艺流程、工程技法，才能编制出有针对性的、切实可行的、能够实现工期和资本最优组合的园林工程施工组织设计。

④ 重视工程的验收工作，确保工程质量和施工安全。

(2) 园林工程施工组织设计的编制依据

园林施工组织设计的编制依据，见表 4-3 所示。

表 4-3　园林施工组织设计的编制依据

序号	项目	编制依据	
1	园林工程总体施工组织设计	园林工程项目基础文件	①园林工程项目可行性报告及批准文件
			②园林工程项目规划红线范围及用地标准文件
			③园林工程项目勘测任务设计书、图样、说明书
			④园林工程项目初步设计或技术设计批准文件以及设计图样和说明书
			⑤园林工程项目总概算或设计总概算
			⑥园林工程项目招标文件和工程承包合同文件
		工程建设政策、法规、规范资料	①关于工程建设程序有关规定
			②关于动迁工作有关规定
			③关于园林工程项目实行施工监理有关规定
			④关于园林建设管理机构资质管理有关规定
			⑤关于工程造价管理有关规定
			⑥关于工程设计、施工和验收有关规定

续表

<table>
<tr><th>序号</th><th>项目</th><th colspan="2">编制依据</th></tr>
<tr><td rowspan="8">1</td><td rowspan="8">园林工程总体施工组织设计</td><td rowspan="7">建设地原始调查资料</td><td>①地区气象资料</td></tr>
<tr><td>②工程地形、工程地质和水文地质资料</td></tr>
<tr><td>③土地利用情况、地区交通运输能力和价格资料</td></tr>
<tr><td>④地区绿化材料、建筑材料等供应情况资料</td></tr>
<tr><td>⑤地区供水、供电、供热、通信能力和价格资料</td></tr>
<tr><td>⑥地区园林企业状况资料</td></tr>
<tr><td>⑦施工现场地上、地下现状(水、电、通信、煤气管道等)</td></tr>
<tr><td colspan="2">类似施工项目经验资料</td></tr>
<tr><td rowspan="7">2</td><td rowspan="7">园林单项工程施工组织设计</td><td colspan="2">单项工程全部施工图样及相关标准图</td></tr>
<tr><td colspan="2">单项工程地质勘测报告、地形图以及工程测量控制图</td></tr>
<tr><td colspan="2">单项工程预算文件和资料</td></tr>
<tr><td colspan="2">建设项目施工组织总体设计对本工程的工期、质量和成本控制的目标要求</td></tr>
<tr><td colspan="2">承办单位年度施工计划对本工程开、竣工的时间要求</td></tr>
<tr><td colspan="2">有关国家方针、政策、规范、规程以及工程预算定额</td></tr>
<tr><td colspan="2">类似工程施工检验和技术新成果</td></tr>
</table>

(3) 园林工程施工组织的编制程序

① 编制前的准备工作

a. 熟悉园林施工工程图，领会设计意图，找出疑难问题和工程重点、难点，收集有关资料，认真分析，研究施工中的问题。

b. 现场踏察，核实图样内容与场地现状，问题答疑，解决疑问。

② 将园林工程合理分项并计算各个分项工程的工程量，确定工期。

③ 制订多个施工方案、施工方法，并进行经济技术比较分析，确定最优方案。

④ 编制施工进度计划（横道图或网络图）。

编制施工总进度计划应注意以下几点。

a. 计算工程量

• 应根据批准的总承建工程项目一览表，按工程开展程序和单位工程计算主要实物工程量。

• 计算工程量可按初步设计（或扩大初步设计）图样，并根据各种定额手册或参考资料进行。

b. 确定各单位工程（或单个构筑物）的施工期限。影响单位工程施工期限的因素很多，应根据工程类型、结构特征、施工方法、施工管理水平、施工机械化程序及施工现场条件等确定。

c. 确定各单位工程的开、竣工时间和相互衔接关系。

d. 编制施工总进度计划表。

⑤ 编制施工必需的设备、材料、构件及劳动力计划。

应根据具体工程的要求工期与工程量，合理安排劳动力投入计划，使其既能够在要求工期内完成规定的工程量，又能做到经济、节约。科学的劳动力安排计划要达到各工种的相互配合以及劳动力在各施工阶段之间的有效调剂，从而达到各项指标的最佳安排。

现代园林景观工程的规模日益向大型化的方向发展，所涉及的公众也越来越多，因此，大型的园林景观工程的实施就必须借助多种有效的园林机械设备才能达到良好的运作。良好的机械设备投入计划往往能够达到事半功倍的效果。

⑥ 布置临时施工、生活设施，做好“三通一平”工作。

⑦ 编制施工准备工作计划。

⑧ 绘出施工平面布置图。

⑨ 计算技术经济指标，确定劳动定额、加强成本核算。

⑩ 拟定技术安全措施。

⑪ 成文报审。

4.2.2 施工组织总设计

4.2.2.1 施工部署和施工方案的编制

(1) 施工部署

施工部署是对整个工程项目进行全面安排，并对工程施工中的重大战略问题进行决策。其主要内容及编制要求如下。

① 组织安排和任务分工。明确如何建立项目管理机构——项目经理部的人员设置及分工；建立专业化施工组织和进行工程分包；划分施工阶段，确定分期分批施工、交工的安排及其主要项目和穿插项目。

② 主要施工准备工作的规划。这里主要指现场的准备，包括思想准备、组织准备、技术准备、物资准备。首先应安排好场内外运输、施工用主干道、水电来源及其引入方案；其次要做好场地平整，全场性排水、防洪；再次应安排好生产、生活基地。要充分利用本地区、本系统的永久性工厂、基地，不足时再扩建。要把现场预制和工厂预制或采购构件的规划做出来。

(2) 主要工程施工方案的拟订

施工方案内容包括：施工起点流向、施工程序、施工顺序和施工方法。

对于主要的景点工程或主要的单位工程及特殊的分项工程，应在施工组织总设计中拟定其施工方案，其目的是进行技术和资源的准备工作，也为工程施工的顺利开展和工程现场的合理布置提供依据。因此，应计算其工程量，确定工艺流程，选择施工机械和主要施工方法等。主要景点或单位工程是指假山、建筑、水体等工程量大、施工周期长、施工难度大的单项工程或单位工程。

选择机械时应注意其可能性、适用性及经济合理性。

选择主要工种的施工方法应注意尽量采用预制化和机械化方法，即能在工厂或现场预制或在市场上可以采购到成品的不在现场制造，能采用机械施工的应尽量不进行手工作业。

(3) 工程开展顺序的确定

工程开展程序既是施工部署问题，也是施工方案问题，重要的是应确立以下指导思想。

① 在满足合同工期要求的前提下，分期分批施工。合同工期是施工的时间总目标，不能随意改变。有些工程在编制施工组织总设计时没有签订合同，则应保证总工期控制在定额工期之内。在这

个大前提下，进行合理的分期分批并进行合理搭接。例如，施工期长的、技术复杂的、施工困难多的工程，应提前安排施工；急需的和关键的工程应先期施工和交工；按生产工艺要求起主导作用或须先期投入生产的工程应优先安排；在生产上先期使用的工程应提前施工和交工等。

② 一般应按先地下、后地上，先深后浅，先干线、后支线的原则进行安排。路下的管网先施工，然后筑路。

③ 在安排施工程序时还应注意使已完工程的生产或使用和在建工程的施工互不妨碍，使生产、施工两不误。

④ 施工应当尽量保证各类物资及技术条件供应之间的平衡以及合理利用这些资源，促进均衡施工。

⑤ 施工必须注意季节的影响，应把不宜在某季节施工的工程，提前到该季节来临之前或推迟到该季节终了之后施工，但应注意这样安排以后应保证质量，不拖延进度，不延长工期。大规模土方工程和深基础土方施工，一般要避开雨季；寒冷地区的房屋施工尽量在入冬前封闭，使冬季可进行室内作业和设备安装。

4.2.2.2 施工总进度计划和资源需要量计划的编制

(1) 施工总进度计划表

施工总进度计划是根据施工部署和施工方案，合理确定各单项工程的工期及它们之间的施工顺序和搭接关系的计划，应形成施工总（综合）进度计划（表 4-4）和主要分部分项工程流水施工进度计划（表 4-5）。

(2) 施工总进度计划的编制要点

① 计算工程量。应根据批准的总承建工程项目一览表，按工程开展程序和单位工程计算主要实物工程量。计算工程量不但是为了编制施工总进度计划，还服务于施工方案编制和主要的施工、运输机械的选择，主要工程的流水施工初步规划，人工及技术物资的需要量计算。此处计算工程量只需粗略地计算即可。

计算工程量可按初步设计（或扩大初步设计）图纸，并根据各种定额手册或参考资料进行。

表 4-4 施工总（综合）进度计划

序号	工程名称	建筑指标		设备安装指标	造价/元			总劳动量/工日	进度计划					
									第一年				第二年	第三年
		单位	数量		合计	建筑工程	设备安装		Ⅰ	Ⅱ	Ⅲ	Ⅳ		

注：工程名称的顺序应按土方、管网、园建、绿化等次序填列。

表 4-5 主要分部分项工程流水施工进度计划

序号	单位工程和分部分项工程名称	工程量		机械			劳动力			施工持续天数/d	施工进度计划											
											年　月											
		单位	数量	机械名称	台班数量	机械数量	工程名称	总工日数	平均人数		1	2	3	4	5	6	7	8	9	10	11	12

注：单位工程按主要项目排列，较小项目分类合并。分部分项工程只填列主要的。如土方包括竖向布置、水体开挖与回填。砌筑包括砌砖与砌石。现浇混凝土与基础混凝土包括基础、框架、地面垫层混凝土。抹灰包括装修、地面、屋面及水、电和设备安装。

② 确定各单位工程（或单个构筑物）的施工期限。影响单位工程施工期限的因素很多，应根据工程类型、结构特征、施工方法、施工管理水平、施工机械化程序及施工现场条件等确定。但工期应控制在合同工期以内，无合同工期的工程以工期定额为准。

③ 确定各单位工程的开竣工时间和相互衔接关系。确定单位工程的开竣工时间主要应考虑以下因素。

a. 同一时期施工的项目不宜过多，以避免人力、物力过于集中。

b. 尽量使劳动力和技术物资消耗在全工程上均衡，在时间和量的比例上均衡、合理。

c. 在第一期工程完成的同时，应安排好第二期及以后各期工程的施工。

d. 以一些附属工程项目作为后备项目，调节主要项目的施工进度。

e. 主要工种和主要机械应能连续施工。

④ 编制施工总进度计划表。在完成上述工作之后，可着手编制施工总进度计划表。先编制施工总进度计划草表，在此基础上绘制资源动态曲线，评估其均衡性，经过必要的调整，使资源均衡后，再绘制正式施工总进度计划表。如果是编制网络计划，还可进行优化，实现最优进度目标、资源均衡目标和成本目标。

（3）资源需要量计划的编制

① 劳动力需要量计划。按照施工准备工作计划、施工总进度计划和主要分部分项工程流水施工进度计划，套用概算定额或经验资料，便可计算所需劳动力工日数及人数，进而编制保证施工总进度计划实现的劳动力需要量计划（表 4-6）。如果劳动力有余缺，则应采取相应措施。例如，对多余的劳动力可以进行培训，计划调出；劳动力短缺可招募或采取提高效率的措施。调剂劳动力的余缺，必须加强调度工作。

表 4-6　劳动力需要量计划

序号	工种名称	施工高峰需要人数	年				年				现有人数	多余(+)或不足(－)
			一季	二季	三季	四季	一季	二季	三季	四季		

注：工种名称除生产工人外，应包括机修、运回、构件加工、材料保管等服务和管理用工名称。

② 主要材料和预制加工品需用量计划。根据拟建的不同结构

类型的工程项目和工程量总表，参照本地区概算定额或已建类似工程资料，便可计算出各种材料需用量，见表 4-7 所示。

表 4-7 主要材料和预制加工品需用量计划

材料名称	主要材料															
单位																
工程名称																

注：主要材料可按型钢、钢板、钢筋、管材、水泥、木材、砖、石、沙、石灰等分别填列。

③ 主要材料、预制加工品运输量计划。根据预制加工规划和主要材料需用量计划，参照施工总进度计划和主要分部分项工程流水施工进度计划，便可编制主要材料、预制加工品需用量的进度计划（表 4-8），以便于组织运输和筹建仓库。主要材料、预制加工品运输量计划，见表 4-9 所示。

表 4-8 主要材料、预制加工品需用量进度计划

序号	材料或预制加工品名称	规格	单位	需用量				需用进度							
				合计	正式工程	大型临时设施	施工措施	年				年			
								一季	二季	三季	四季	一季	二季	三季	四季

注：材料名称应与表 4-7 一致。

表 4-9　主要材料、预制加工品运输量计划

序号	材料或预制加工品名称	单位	数量	折合吨位	运距/km			运输量/(t/km)	分类运输量/(t/km)			备注
					装货点	卸货点	距离		公路	铁路	航运	

注：材料和预制加工品所需运输总量应加入 8%～10%的不可预见系数，生活日用品运输量按每人每年 1.2～1.5t 计算。

④ 主要施工机具需用量计划。主要施工机具需用量计划的编制依据是：施工部署和施工方案，施工总进度计划，主要工种需用量和主要材料、预制加工品运输量计划，机械化施工参考资料。其计划见表 4-10。

表 4-10　主要施工机具、设备需用量计划

序号	机具设备名称	规格型号	电动机功率	数量				购置价值/万元	使用时间	备注
				单位	需用	现有	不足			

注：机具设备名称可按土方、钢筋混凝土、起重机、金属加工、运输、木加工、动力、测试、脚手架等机具设备分别填列。

⑤ 临时设施计划。临时设施计划应本着尽量利用已有或拟建工程的原则，按照施工部署、施工方案、各种需用量计划，再参照业务量和临时设施计算结果进行编制。应将一切属于临时设施的生产、生活用房，临时道路，临时用水、用电和供热系统等包括在内。

4.2.2.3　施工总平面设计

(1) 施工总平面图

施工总平面图是用来正确处理全工地在施工期间所需各项设施和永久建筑物之间的空间关系，按施工方案和施工总进度计划合理规划交通道路、材料仓库、附属生产企业、临时房屋建筑和临时水、电管线等，指导现场文明施工。施工总平面图按规定的图例绘制，一般比例为1∶1000或1∶2000。施工总平面图的内容包括以下几方面。

① 整个建设项目的建筑总平面图，包括地上、地下建筑物和构筑物，道路，各种管线，测量基准点等的位置和尺寸。

② 一切为工地施工服务的临时性设施的布置，包括：

a. 施工用地范围，施工用的各种道路。

b. 加工厂、制备站及有关机械化装置。

c. 各种建筑材料、半成品、构件的仓库和主要堆放、假植、取土及弃土位置。

d. 行政管理用房、宿舍、文化、生活、福利、建筑等。

e. 水源、电源、临时给排水管线和供电动力线路及设施，车库、机械的位置。

f. 一切安全、防火设施。

g. 特殊图例、方向标志、比例尺等。

h. 永久性及半永久性坐标的位置。

（2）施工总平面图的设计依据

① 设计资料，包括建筑总平面图、竖向设计图、地貌图、区域规划图、建设项目及有关的一切已有和拟建的地下管网位置图等。

② 已调查收集到的地区资料，包括地方建筑企业情况，材料和设备情况，地方资料情况，交通运输条件，水、电、蒸汽等条件，社会劳动力和生活设施情况，参加施工的各企业力量状况等。

③ 施工部署和主要工程的施工方案。

④ 施工总进度计划。

⑤ 各种材料、构件、施工机械和运输工具需要量一览表。

⑥ 构件加工厂、仓库等临时建筑一览表。

⑦ 工地业务量计算结果及施工组织设计参考资料。

（3）施工总平面图的设计原则

① 在满足施工要求的前提下，将占地范围减少到最低限度，尤其要不占或少占农田，不挤占交通道路。

② 最大限度地缩短场内运输距离，尽可能避免场内二次搬运。因此，各种材料应按供应计划分期分批进场，并应尽量布置在使用地点附近，大型重件应尽量堆放在起重设备工作范围之内。

③ 在保证施工需要的前提下，临时设施工程量应该最小，以降低临时工程费用。因此，要尽可能利用已有的房屋和各种管线，凡拟建永久性工程能提前完工为施工服务的，应尽量提前完工并在施工中代替临时设施。

④ 临时设施的布置应便于工人生产和生活，使往返现场时间最少。

⑤ 充分考虑生产、生活设施和施工中的劳动保护、技术安全、防火要求。

⑥ 遵守环境保护条例，避免环境污染。

（4）施工总平面图的设计步骤和设计要求

施工总平面图的设计步骤是：布置场外交通道路→布置仓库→布置加工厂和混凝土搅拌站→布置内部运输道路→布置临时房屋→布置临时水电管网和其他动力设施→绘制正式施工总平面图。

① 场外交通道路布置。一般场地都有永久性道路，可提前修建为工程服务，但应恰当确定起点和进场位置，考虑转弯半径和坡度限制，以利于施工场地的利用。

当采用公路运输时，公路应参照与加工厂、仓库的位置进行布置，与场外道路连接，符合标准要求。

当采用水路运输时，卸货码头不应少于两个，宽度不应小于2.5m，江河距工地较近时，可在码头附近布置主要加工厂和仓库。

② 仓库的布置。一般应接近使用地点，装卸时间长的仓库应远离路边。

a. 当有铁路时，宜沿路布置周转库和中心库。

b. 一般材料仓库应邻近公路和施工区，并应有适当的堆场。

c. 水泥库和沙石堆场应布置在搅拌站附近。砖、石和预制构件应布置在垂直运输设备工作范围内，靠近用料地点。基础用块石堆场应离坑沿一定距离，以免压塌边坡。钢筋、木材应布置在加工厂附近。

d. 工具库布置在加工区与施工区之间交通方便处，零星小件、专用工具库可分设于各施工区段。

e. 车库、机械站应布置在现场入口处。

f. 油料、氧气、电石库应设置在边沿、人少的安全处，易燃材料库要设置在拟建工程的下风向。

g. 苗木假植地应靠近水源及道路旁。

③ 加工厂和混凝土搅拌站的布置。总的指导思想是应使材料和构件的货运量小，有关联的加工厂适当集中。

a. 如果有足够的混凝土输送设备，混凝土搅拌站宜集中布置，或现场不设搅拌站使用商品混凝土；当混凝土输送设备短缺时，可分散布置在使用地点附近或起重机旁。

b. 临时混凝土构件预制厂尽量利用建设单位的空地。

c. 钢筋加工厂设在混凝土预制构件厂及主要施工对象附近；木材加工厂的原木、锯材堆场应靠铁路、公路或水路沿线；锯材、成材、粗细木工加工间和成品堆场要按工艺流程布置，应设在施工区的下风向边缘。

④ 内部运输道路的布置

a. 提前修建永久性道路的路基和简单路面为施工服务。

b. 临时道路要把仓库、加工厂、堆场和施工点贯穿起来。按货运量大小设计双行环干道或单行支线。道路末端要设置回车场。路面一般为土路、砂石路或礁碴路。道路建造方法应查阅施工手册。

⑤ 临时房屋的布置

a. 尽可能利用已建的永久性房屋为施工服务，不足时再修建临时房屋。临时房屋应尽量采用活动房屋。

b. 全工地行政管理用房宜设在全工地入口处。职工用的生活福利设施，如商店、俱乐部等，宜设在职工较集中的地方，或设在职工出入必经之处。

c. 职工宿舍一般宜设在场外，并避免设在低洼潮湿地及有烟尘不利于健康的地方。

d. 食堂宜布置在生活区，也可视条件设在工地与生活区之间。

⑥ 临时水电管网和其他动力设施的布置。

a. 尽量利用已有的和提前修建的永久线路。

b. 临时总变电站应设在高压线进入工地处，避免高压线穿过工地。临时自备发电设备应设在现场中心，或靠近主要用电区域。

c. 临时水池、水塔应设在用水中心和地势较高处。管网一般沿道路布置，供电线路避免与其他管道设在同一侧，主要供水、供电管线采用环状。

d. 管线穿路处均要套以铁管，并埋入地下 0.6m 处。

e. 过冬的临时水管须埋在冰冻线以下或采取保温措施。

f. 排水沟沿道路布置，纵坡不小于 0.2%，过路处须设涵管，在山地建设时应有防洪设施。

g. 消火栓间距不大于 120m，距拟建房屋不小于 5m，不大于

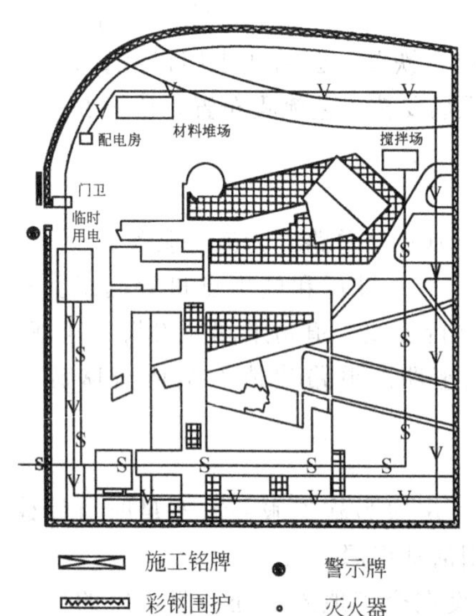

说明：

1. 该园林绿化工程用 2m 高彩钢围护，在左侧开设一个 8m 宽的大门。

2. 在大门旁边设施工铭牌、交通警示牌，内侧设值班室。

3. 临时用电暂搭设于大门右侧绿化地内。

4. 施工地内的水电线路由施工方铺设，电路一律采用架空处理。

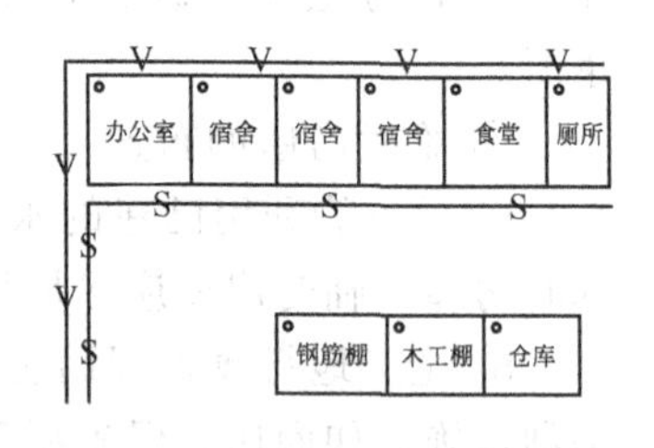

施工铭牌　警示牌

彩钢围护　灭火器

—S— 临时用水　—V— 临时用电

图 4-1　正式施工总平面图

25m，距路边不大于 2m。

h. 各种管道布置的最小净距应符合规范的规定。

⑦ 绘制正式施工总平面图。正式施工总平面图如图 4-1 所示。

4.3 园林工程施工进度计划

4.3.1 横道图进度计划

（1）园林工程项目施工组织方式

在工程的施工过程中，考虑到园林工程项目的施工特点、工艺流程、资源利用、平面或空间布置等要求，其施工组织方式通常采用流水施工方式。

流水施工方式是将拟建工程项目中的每一个施工对象分解为若干个施工过程，并按照施工过程成立相应的专业工作队，各专业队按照施工顺序依次完成各个施工对象的施工过程，同时保证施工在时间和空间上连续、均衡和有节奏地进行，使相邻两个专业队能最大限度地搭接作业。

（2）流水施工方式的特点

① 尽可能利用工作面进行施工，工期比较短。

② 有利于提高技术水平和劳动生产率，也有利于提高工程质量。

③ 专业工作队能够连续施工，同时使相邻专业队的开工时间能够最大限度地搭接。

④ 单位时间内投入的劳动力、施工机具、材料等资源量较为均衡，有利于资源供应。

⑤ 为施工现场的文明施工和科学管理创造了有利条件。

（3）施工横道图进度计划

① 横道图表达的内容。园林工程施工中，流水施工的表达方式一般用横道图来表示。

横道图也称条形图、横线图，基本形式是以横坐标作时间轴表示时间或作业量，工程活动内容在图的左侧纵向排列，以活动所对应的横道位置表示活动的起始时间，横道的长短表示持续时间的长短，整个计划由一系列的横道组成，是一种最直观的工期计划方法。

② 流水施工横道图的表示方法。图 4-2 所示是某园林园路工程施工分段图，该工程将园路工程施工分为四个施工段进行施工。

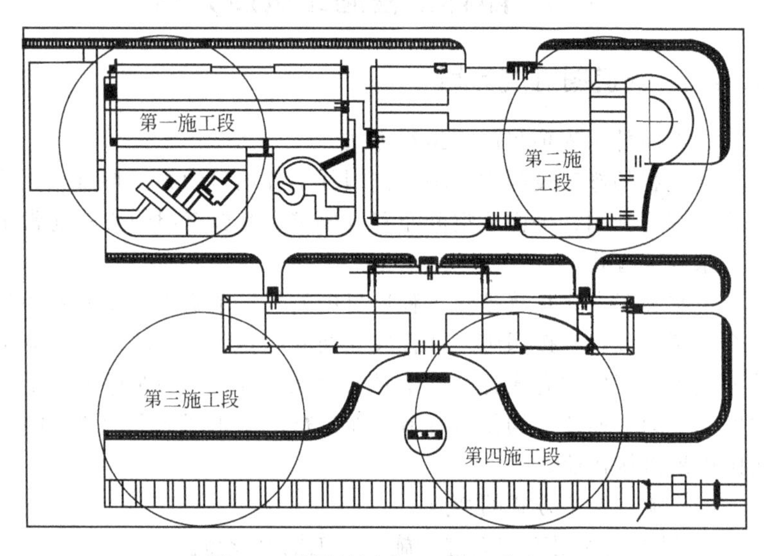

图 4-2 某园林园路工程施工分段图

流水施工的横道图表示法，如图 4-3 所示。图中的横坐标表示流水施工的持续时间；纵坐标表示施工过程的名称或编号。带有编号的水平线段表示施工过程或专业工作队的施工进度安排，其中编号①表示第一施工段；②表示第二施工段；③表示第三施工段；④表示第四施工段。

(4) 施工横道图进度计划的编制

横道图简单实用、易于掌握，施工过程及其先后顺序表达清楚，时间和空间状况形象直观，使用方便，因而被广泛用来表达施工进度计划。

① 园林工程施工横道图进度计划的编制方法。编制横道图进度计划先要确定工程量、施工顺序、最佳工期以及工序或工作天

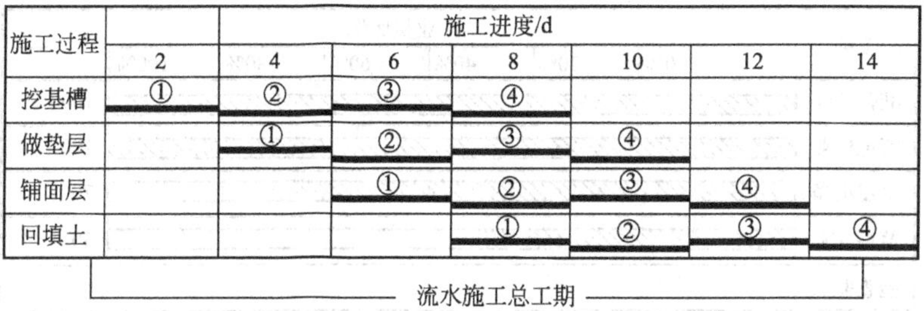

施工过程	施工进度/d						
	2	4	6	8	10	12	14
挖基槽	①	②	③	④			
做垫层		①	②	③	④		
铺面层			①	②	③	④	
回填土				①	②	③	④

流水施工总工期

图 4-3　流水施工横道图的表示法

数、衔接关系等。

a. 确定工序（或工程项目、工种）。一般要按施工顺序、作业衔接客观次序排列，项目不得疏漏也不得重复。

b. 根据工程量和相关定额及必需的劳动力加以综合分析，制定各工序（或工种、项目）的工期。确定工期时可视实际情况酌情增加机动时间，但要满足工程总工期的要求。

c. 用线条或线框在相应栏目内按时间起止期限绘成图表，图表必须清晰准确。

d. 绘制完毕以后，要认真检查，看是否满足总工期需要，能否清楚看出时间进度和应完成的任务指标等。

② 园林工程施工横道图进度计划的编制形式。常见的横道图进度计划有作业顺序横道图和详细进度横道图两种。

a. 作业顺序横道图。图 4-4 所示是某绿化工程中铺草工程作业顺序横道图。左栏是按施工顺序标明的工种（或工序），右栏表示作业量的比率。它清楚地反映了整个工序的实际情况，对作业量比例一目了然，便于实际操作。但工种间的关键工序不明确，不适合较复杂的施工管理。

b. 详细进度横道图。详细进度横道图在实践当中的应用是比较普遍的，常说的横道图就是指这种施工详细进度横道图。

详细进度计划横道图（图 4-5）由两部分组成：以工种（或工序、分项工程）为纵坐标，包括工程量、各工种工期、定额及劳动量等指标；以工期为横坐标，通过线框或线条表示工程进度。

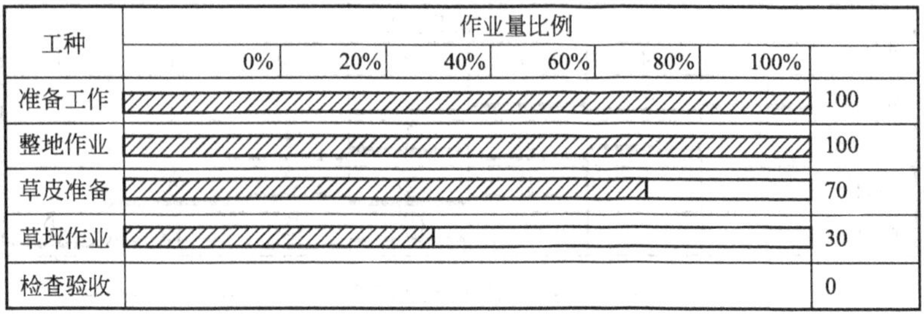

工种	作业量比例（0% 20% 40% 60% 80% 100%）	
准备工作	▨▨▨▨▨▨▨▨▨▨	100
整地作业	▨▨▨▨▨▨▨▨▨▨	100
草皮准备	▨▨▨▨▨▨▨	70
草坪作业	▨▨▨	30
检查验收		0

图 4-4　铺草工程作业顺序横道图

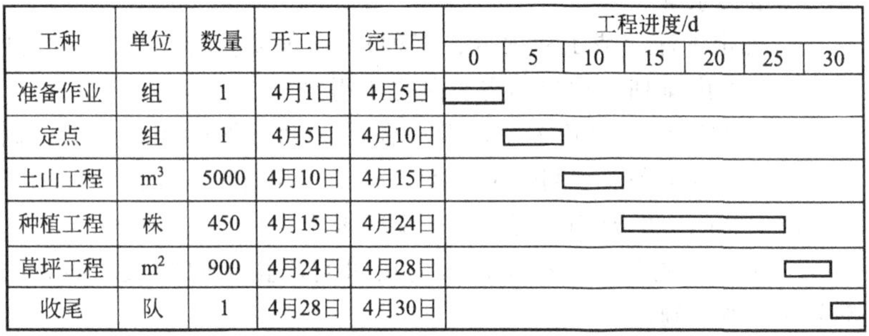

工种	单位	数量	开工日	完工日	工程进度/d（0 5 10 15 20 25 30）
准备作业	组	1	4月1日	4月5日	0—5
定点	组	1	4月5日	4月10日	5—10
土山工程	m^3	5000	4月10日	4月15日	10—15
种植工程	株	450	4月15日	4月24日	15—24
草坪工程	m^2	900	4月24日	4月28日	24—28
收尾	队	1	4月28日	4月30日	28—30

图 4-5　某园林工程施工详细进度计划横道图

4.3.2 网络图进度计划

（1）网络图的相关概念

① 网络图法。网络图法又称统筹法，是以网络图为基础用来指导施工的全新计划管理方法。20 世纪 50 年代中期首先出现于美国，60 年代初传入我国并在工业生产管理中得以应用，如图 4-6 所示。

网络图的基本原理是：将某个工程划分成多个工作（工序或项目），按照各个工作之间的逻辑关系找出关键线路编制成网络图，用以调整、控制计划，求得计划的最佳方案，以此对工程施工进行全面检测和指导。用最少的人力、材料、机具、设备和时间消耗，取得最大的经济效益。

② 双代号网络图。网络图主要由工序、事件和线路三部分组

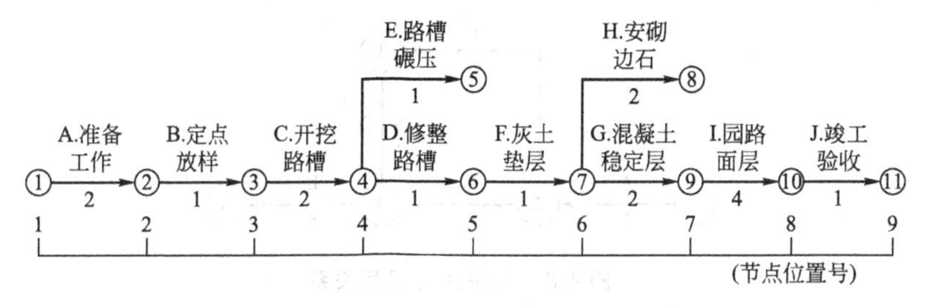

图 4-6 园路工程施工进度计划网络图

成，其中每道工序均用一根箭头线和两个节点表示，箭头线两端点编号用以表明该箭头线所表示的工序，故称双代号网络图（图 4-7）。箭头线上方须注明工序名称，下方须注明完成该工序所需的时间。

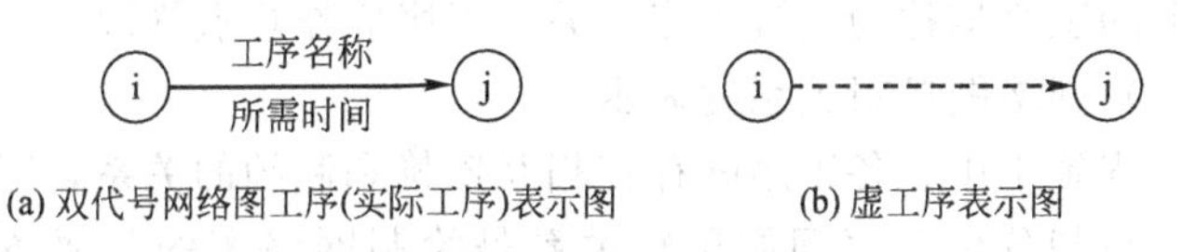

图 4-7 网络图表示法

a. 工序。工序是指园林工程中某项按实际需要划分的工作项目。凡消耗时间和消耗资源的工序称为实际工序，如图 4-7(a) 所示；既不消耗时间也不消耗资源的工序称为虚工序，如图 4-7(b) 所示，它仅表示相邻工序间的逻辑关系，用一根虚线箭头表示。

箭头线前端称为头，后端称为尾，头的方向说明工序结束，尾的方向说明工序开始。箭头线上方填写工序名称，下方填写完成该工序所需的时间。

如果将某工序称为本工序，那么紧靠其前的工序就称为紧前工序，而仅靠其后面的工序就称为紧后工序，与之平行的称为平行工序，如图 4-8 所示。

b. 事件。事件即结合点，也即工序间交接点，用圆圈表示。网络图中，第一个结合点（节点）称为起始点，表明某工序的开始；最后一个结合点称为结束节点，表明该工序的完成。由本工序

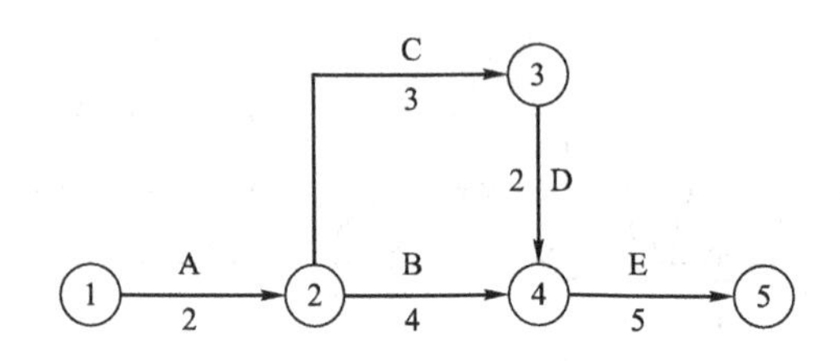

图 4-8 工序间的相互关系

注：A—紧前工序；B—本工序；C、D—平行工序；E—紧后工序

至起始点间的所有工序称为先行工序，本工序至结束点间所有工序称为后续工序。

c. 线路。线路是指网络图中从起始节点开始沿箭头线方向直至结束节点的全路线，称为关键线路，其他称为非关键线路。关键线路上的工序均称为关键工序，关键工序应作重点管理。

（2）网络图逻辑关系的表示

工程施工中，各工序间存在相互依赖和制约的关系，即指逻辑关系。清楚分析工序间的逻辑关系是绘制网络图的首要条件。因此，弄清本工序、紧前工序、紧后工序、平行工序等逻辑关系，才能清晰地绘制出正确的网络图。

如图 4-9 所示，工程划分为 6 个工序，由 A 开始，A 完工后，B、C 动工；B 完成后开始 D、E；F 要开始必须等 C、D 完工后才能进行；G 要动工则必须等 E、F 结束后才行。就 F 而言，A、B、C、D 均为其紧前工序，E 为其平行工序，G 为其紧后工序。

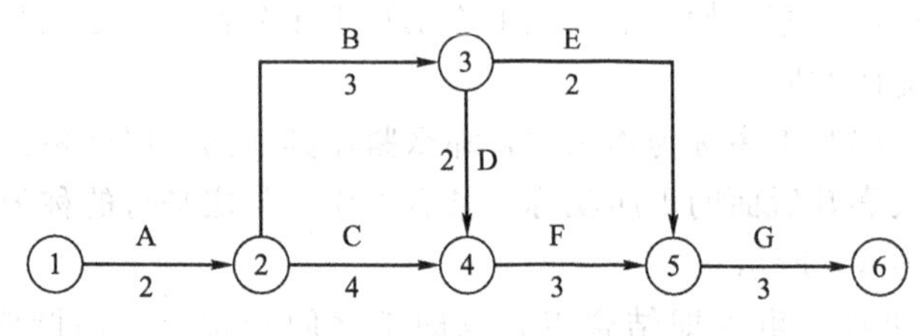

图 4-9 工序间的逻辑关系

（3）网络图编制的基本原则

① 同一对节点之间，不能有两条以上的箭头线。网络图中进入节点的箭头允许有多条，但同一对结合点进来的箭头线则只能有一条。

例如：图 4-10(a) 中②→③有 3 根箭头线，应表示 3 道工序，但无法弄清楚其中 B、C、D 属于哪道工序，因而造成混乱。为此，需增加虚工序，分清逻辑工序关系，故图 4-10(b) 是正确的。

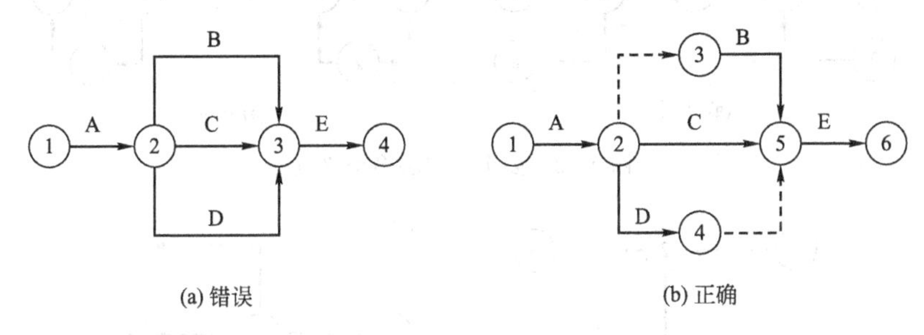

图 4-10　同一对结合点箭头线表示法

② 网络图中不允许出现循环回路。循环回路如图 4-11(a) 所示的③→④→⑤→③，这在实际施工中是不存在的，因而是错误的，应按施工顺序更正为如图 4-11(b) 所示的正确图。

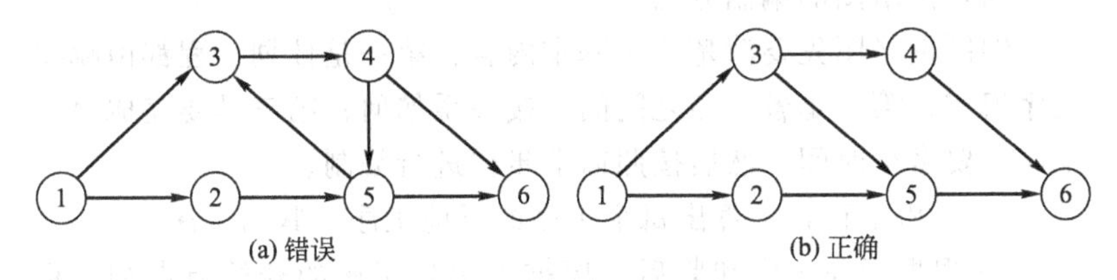

图 4-11　网络图中的循环回路

③ 网络图中不得出现双向箭头和无箭头线段，如图 4-12 所示的画法是错误的。

图 4-12　双向箭头和无箭头线段

④ 一个网络图中只允许有一个起点和一个终点。不允许无箭尾节点或无箭头节点的箭头线段。因此，图 4-13(a) 和图 4-14 均是错误的。

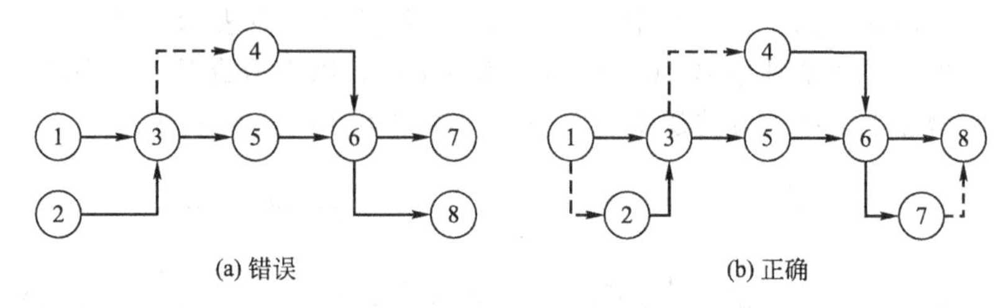

图 4-13　多个起点和多个终点

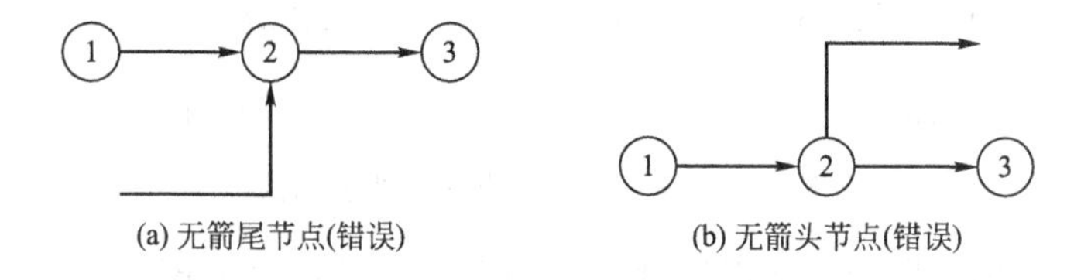

图 4-14　无箭尾节点或无箭头节点

(4) 网络图的编制方法

编制网络图先要清楚三个基本内容：第一是计划工程都由哪些工序组成；第二是各工序之间的搭接关系如何；第三是要完成每个工序需要多少时间。然后按照以下步骤进行编制。

① 分析工程，推算出每个工序的紧前工序、紧后工序。

② 根据紧前工序和紧后工序推算出各工序的开始节点和结束节点，方法如下。

a. 无紧前工序的工序，其开始节点号为零。

b. 有紧前工序的工序，其开始节点号为紧前工序的起始节点号取最大值加 1。

c. 无紧后工序的工序，其结束节点号为各工序结束点号的最大值加 1。

d. 有紧后工序的工序，其结束节点号为紧后工序开始节点号的最小值。

③ 根据节点号绘出网络图。

④ 用绘制的网络图与相关图表进行对照检查。

4.4 思 考 题

1. 园林工程如何进行技术准备?
2. 施工组织设计都有哪些分类方式?
3. 如何拟定主要的工程施工方案?
4. 园林工程项目的流水施工方式是什么?
5. 网络图逻辑关系应该如何表示?

5.1 人力资源管理

5.1.1 人力资源概述

现代企业的发展，日益显示出人的决定性作用。在企业的管理工作已进入到以人为中心的新时代，理应把人视为一种企业在激烈竞争中自下而上发展且始终充满生机活力的特殊资源来着力发掘和使用。对于园林企业来说，能否吸引、留住人才和保持一个适合人才成长的良好环境，造就一支高素质、高凝聚力的企业员工队伍，将成为园林事业成败的关键。

（1）人力资源概念与特征

世界上存在物力资源、财力资源、信息资源和人力资源四种资源，其中最重要的是人力资源，它是一种兼具社会属性和经济属性的具有关键性作用的特殊资源。

狭义地讲，所谓人力资源，是指能够推动整个经济和社会发展的具有智力劳动和体力劳动能力的人的总和，它包括数量和质量两个方面。

从广义方面来说，智力正常的、有工作能力或将会有工作能力的人都可视为人力资源。

人力资源作为国民经济资源中一个特殊的部分，既有质、量、时、空的属性，也有自然的生理特征。一般来说，人力资源的特征主要表现在以下几个方面，见表 5-1。

表 5-1　人力资源的特征

特征	说　明
生物性	人力资源存在于人体之中，是有生命的“活”的资源，与人的自然生理特征相联系，具有生物性
可再生性	人力资源是一种可再生的生物性资源。它以人身为天然载体，是一种“活”的资源，可以通过人力总体和劳动力总体内各个个体的不断替换更新和恢复过程得以实现，具有再生性。是用之不尽、可以充分开发的资源。第一天劳动后精疲力竭，第二天又能生龙活虎地劳动
能动性	人力资源具有目的性、主观能动性和社会意识。一方面，人可以通过自己的知识智力创造工具，使自己的器官功能得到延伸和扩大，从而增强自身的能力；另一方面，随着人的知识智力的不断发展，人认识世界、改造世界的能力也将增强
时代性与时效性	人力资源的形成过程受到时代的制约。在社会上同时发挥作用的几代人，当时的社会发展水平从整体上决定了他们的素质，他们只能在特定的时代条件下，努力发挥自己的作用。人力资源的形成、开发和利用都会受到时间方面的限制。从个体角度看，因为一个人的生命周期是有限的，人力使用的有效期大约是 16～60 岁，最佳时期为30～50 岁，在这段时间内，如果人力资源得不到及时与适当的利用，个人所拥有的人力资源就会随着时间的流逝而降低，甚至丧失其作用。从社会角度看，人才的培养和使用也有培训期、成长期、成熟期和老化期
高增值性	在国民经济中，人力资源收益的份额正在迅速超过自然资源和资本资源。在现代市场经济国家，劳动力的市场价格不断上升，人力资源投资收益率不断上升，劳动者的可支配收入也在不断上升。与此同时，高质量人力资源与低质量人力资源之间的收入差距也在扩大
可控性	人力资源的生成是可控的。环境决定论的代表人物华生指出：“给我 12 个健全的体形良好的婴儿和一个由我自己指定的抚育他们的环境，我从这些婴儿中随机抽取任何一个，保证能把他训练成我所选定的任何一类专家——医生、律师、商人和领袖人物，甚至训练成乞丐和小偷，无论他的天资、爱好倾向、能力、禀性如何，以及他的祖先属于什么种族。”由此可见，人力的生成不是自然而然的过程，它需要人们有组织、有计划地去培养与利用
变化性与不稳定性	人才资源会因个人及其所处环境的变化而变化。在甲单位是人才，到乙单位可能就不是人才了。这种变化性还表现在不同的时间上。20 世纪 50～60 年代的生产能手。到 90 年代就不一定是生产能手了

续表

特征	说　明
开发的连续性	人力资源由于它的再生性，则具有无限开发的潜力与价值，人力资源的使用过程也是开发过程，具有持续性。人还可以不断学习，持续开发，提高自己的素质和能力，可以连续不断地开发与发展
个体的独立性	人力资源以个体为单位，独立存在于每个生活着的个体身上，而且受各自的生理状况、思想与价值观念的影响。这种存在的个体独立性与散在性，使人力资源的管理工作显得复杂而艰难，管理得好则能够形成系统优势，否则会产生内耗
消耗性与内耗性	人力资源若不使用，闲置时也必须消耗一定数量的其他自然资源，如食物、水、能源等，才能维持自身的存在。企业人力资源却不一定是越多越能产生效益。关键在于管理者怎样去组织、利用与开发人力资源 人力资源对经济增长和企业竞争力的增强具有重要意义

现代经济理论认为，经济增长主要取决于以下四个方面的因素。

① 新的资本资源的投入。

② 新的可利用的自然资源的发现。

③ 劳动者的平均技术水平和劳动效率的提高。

④ 科学的、技术的和社会的知识储备的增加。

显然，后两项因素均与人力资源密切相关。因此，人力资源决定了经济的增长。

当代发达国家经济增长主要依靠劳动者的平均技术水平和劳动效率的提高以及科学的、技术的和社会的知识储备的增加。实践中，发达国家也将人力资源发展摆在头等重要地位，通过加大本国人力资源开发力度。提高人力资源素质，同时不断从发展中国家挖掘高素质人才，来增加和提高其人力资源的数量和质量。

劳动者平均技术水平和劳动效率的提高、科学技术的知识储备和运用的相加是经济增长的关键。而这两个因素与人力资源的质量呈正相关。因此，一个国家和地区的经济发展的关键制约因素是人力资源的质量。

现代企业的生存是一种竞争性生存，人力资源自然对企业竞争力起着重要作用，人力资源对企业成本优势和产品差异化优势意义重大。

① 人力资源是企业获取并保持成本优势的控制因素。高素质的雇员需要较少的职业培训，从而减少教育培训成本支出；高素质员工有更高的劳动生产率，可以大大降低生产成本支出；高素质的员工更能动脑筋，寻求节约的方法，提出合理化的建议，减少浪费，从而降低能源和原材料消耗，降低成本；高素质员工表现为能力强、自觉性高，无须严密监控管理，可以大大降低管理成本。

各种成本的降低就会使企业在市场竞争中处于价格优势地位。

② 人力资源是企业获取和保持产品差别优势的决定性因素。企业产品差别优势主要表现在创造比竞争对手质量更好、创新性更强的产品和服务。显然，对于生产高质量产品而言，高素质的员工（包括能力、工作态度、合作精神）对创造高质量的一流产品和服务具有决定性作用。对于生产创新型产品而言，高素质的员工，尤其是具有创造能力、创新精神的研究开发人员更能设计出创新性产品或服务。二者结合起来就能使企业持续地获得并保持差别优势，使企业在市场竞争中始终处于主动地位。

③ 人力资源是制约企业管理效率的关键因素。企业效率离不开有效的管理，有效的管理离不开高素质的企业经营管理人才。科学的人力资源管理，包括选人、用人、育人、培养人、激励人，以及组织人、协调人等使组织形成互相配合、取长补短的良性结构和良好气氛的一系列科学管理体系。企业发展依赖于一大批战略管理、市场营销管理、人力资源管理、财务管理、生产作业管理等方面的高素质管理人才。

④ 人力资源是企业在知识经济时代立于不败之地的宝贵财富。

（2）人力资源规划

人力资源规划处于人力资源管理活动的统筹阶段，它为人力资源管理确定了目标、原则和方法。人力资源规划的实质是决定企业的发展方向，并在此基础上确定组织需要什么样的人力资源来实现企业最高管理层确定的目标。

① 人力资源规划的含义。人力资源规划，又称人力资源计划，是指企业根据内外环境的发展制订出有关的计划或方案，以保证企业在适当的时候获得合适数量、质量和种类的人员补充，满足企业

和个人的需求；是系统评价人力资源需求，确保必要时可以获得所需数量且具备相应技能的员工的过程。

人力资源规划主要有三个层次的含义。

a. 一个企业所处的环境是不断变化的。在这样的情况下，如果企业不对自己的发展做长远规划，只会导致失败的结果。俗话说：人无远虑，必有近忧。现代社会的发展速度之快前所未有。在风云变幻的市场竞争中，没有规划的企业必定难以生存。

b. 一个企业应制订必要的人力资源政策和措施，以确保企业对人力资源需求的如期实现。例如，内部人员的调动、晋升或降职，人员招聘和培训以及奖惩都要切实可行，否则，就无法保证人力资源计划的实现。

c. 在实现企业目标的同时，要满足员工个人的利益。这是指企业的人力资源计划还要创造良好的条件，充分发挥企业中每个人的主动性、积极性和创造性，使每个人都能提高自己的工作效率，提高企业的效率，使企业的目标得以实现。与此同时，也要切实关心企业中每个人在物质、精神和业务发展等方面的需求，并帮助他们在为企业做出贡献的同时实现个人目标。这两者都必须兼顾。否则，就无法吸引和招聘到企业所需要的人才，难以留住企业已有的人才。

② 人力资源规划的作用

a. 有利于企业制订长远的战略目标和发展规划。一个企业的高层管理者在制订战略目标和发展规划以及选择方案时，总要考虑企业自身的各种资源，尤其是人力资源的状况。例如，海尔集团决定推行国际化战略时，其高层决策人员必须考虑到其人才储备情况以及所需人才的供给状况。科学的人力资源规划，有助于高层领导了解企业内目前各种人才的余缺情况，以及在一定时期内进行内部抽调、培训或对外招聘的可能性，从而有助于决策。人力资源规划要以企业的战略目标、发展规划和整体布局为依据；反过来，人力资源规划又有利于战略目标和发展规划的制定，并可促进战略目标和发展规划的顺利实现。

b. 有助于管理人员预测员工短缺或过剩情况。人力资源规划，一方面，对目前人力现状予以分析，以了解人事动态；另一方面，对未来人力需求做出预测，以便对企业人力的增减进行通盘考虑，再据以制订人员增补与培训计划。人力资源规划是将企业发展目标和策略转化为人力的需求，通过人力资源管理体系和工作。达到数量与质量、长期与短期的人力供需平衡。

c. 有利于人力资源管理活动的有序化。人力资源规划是企业人力资源管理的基础，它由总体规划和各分类执行规划构成，为管理活动，如确定人员需求量、供给量、调整职务和任务、培训等提供可靠的信息和依据，以保证管理活动有序化。

d. 有助于降低用人成本。企业效益就是有效地配备和使用企业的各种资源，以最小的成本投入达到最大的产出。人力资源成本是组织的最大成本。因此，人力的浪费是最大的浪费。人力资源规划有助于检查和预算出人力资源计划方案的实施成本及其带来的效益。人力资源规划可以对现有人力结构做一些分析，并找出影响人力资源有效运用的“瓶颈”，充分发挥人力资源效能。降低人力资源成本在总成本中所占的比重。

e. 有助于员工提高生产力，达到企业目标。人力资源规划可以帮助员工改进个人的工作技巧，把员工的能力和潜能尽量发挥，满足个人的成就感。人力资源规划还可以准确地评估每个员工可能达到的工作能力程度，而且能避免冗员，因而每个员工都能发挥潜能，对工作有要求的员工也可获得较大的满足感。

③ 人力资源规划的原则

a. 充分考虑内部、外部环境的变化。人力资源规划只有充分考虑了园林企业内外环境的变化，才能适应形势的发展，真正做到为企业发展目标服务。无论何时，规划都是面向未来的，而未来总是含有多种不确定的因素，包括内部和外部的不确定因素。内部变化包括发展战略的变化、员工流动的变化等；外部变化包括政府人力资源政策的变化、人力供需矛盾的变化。以及竞争对手的变化。为了能够更好地适应这些变化，在人力资源规划中，应该对可能出现的情况做出预测和风险分析，最好有面对风险的应急策略。所以，规避风险就成为园林企业需要格外小心的事情。

b. 开放性原则。开放性原则实际上是强调园林企业在制订发展战略中，要消除一种不好的倾向，即狭窄性——考虑问题的思路比较狭窄，在各个方面考虑得不是那么开放。

c. 动态性原则。动态性原则是指在园林企业发展战略设计中一定要明确预期。这里所说的预期，就是对企业未来的发展环境以及企业内部本身的一些变革，要有科学的预期性。因为，企业在发展战略上的频繁调整是不可行的，一般来说，企业发展战略的作用期一般为5年，如果刚刚制定出来，马上就修改，这就说明企业在制定发展战略时没有考虑到动态性的问题。当然，动态性原则既强调预期，也强调企业的动态发展。企业在大体判断正确的条件下，做一点战略调整是应该的，这个调整是小部分的调整而不是整个战略的调整。

d. 使企业和员工共同发展。人力资源管理，不仅为园林企业服务，而且要促进员工发展。企业的发展和员工的发展是互相依托、互相促进的关系。在知识经济时代，随着人力资源素质的提高，企业员工越来越重视自身的职业前途。人的劳动，被赋予神圣的意义，劳动不再仅仅是谋生的手段，而是生活本身，是一种学习和创造的过程。优秀的人力资源规划，一定是能够使企业和员工得到长期利益的计划，一定是能够使企业和员工共同发展的计划。

e. 人力资源规划要注重对企业文化的整合。园林企业文化的核心就是培育企业的价值观，培育一种创新向上、符合实际的企业文化。松下的“不仅生产产品，而且生产人”的企业文化观念，就是企业文化在人力资源战略中的体现。

④ 人力资源规划的分类。目前，许多西方国家的企业都把人力资源规划作为企业整体战略计划的一部分，或者单独地制订明确的人力资源规划，以作为对企业整体战略计划的补充。单独的人力资源规划即类似于生产、市场、研究开发等职能部门的职能性战略计划，都是对企业整体战略计划的补充和完善。无论采用哪种形式，人力资源规划都要与企业整体战略计划的编制联系起来。

按照规划时间的长短不同，人力资源规划可以分为短期规划、中期规划和长期规划三种。一般来说。一年以内的计划为短期计划。这种计划要求任务明确、具体，措施落实。中期规划一般为1～5年的时间跨度，其目标、任务的明确与清晰程度介于长期与短期两种规划之间，主要是根据战略来制定战术。长期规划是指跨度为五年或五年以上的具有战略意义的规划，它为企业的人力资源的发展和使用指明了方向、目标和基本政策。长期规划的制定需要对企业内外环境的变化做出有效的预测，才能对企业的发展具有指导性作用。

人力资源规划要真正有效，还应该考虑企业规划，并受企业规划的制约，图 5-1 表明了企业规划对人力资源规划的影响。

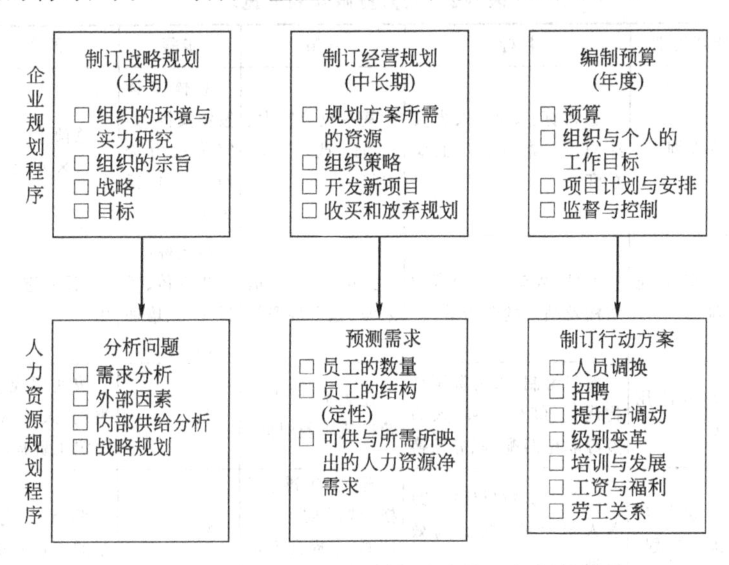

图 5-1　三个层次的组织规划与人力资源规划的关系

按照性质不同，人力资源规划可以分为战略规划和策略规划两类。总体规划属于战略规划，它是指计划期内人力资源总目标、总政策、总步骤和总预算的安排；短期计划和具体计划是战略规划的分解。包括职务计划、人员配备计划、人员需求计划、人员供给计划、教育培训计划、职务发展计划、工作激励计划等。这些计划都由目标、任务、政策、步骤及预算构成，从不同角度保证人力资源总体规划的实现。

⑤ 人力资源规划的制订。

a. 人力资源规划的内容。企业人力资源规划包括如下内容。

人力资源总体规划。是指在计划期内人力资源开发利用的总目标、总政策、实施步骤及总预算的安排。

人力资源业务计划。它包括人员补充计划、人员使用计划、人员接替和提升计划、教育培训计划、工资激励计划、退休解聘计划以及劳动关系计划等。

这些业务计划是总体规划的展开和具体化（表 5-2）。

表 5-2　人力资源规划一览表

计划类别	目标	政策	步骤	预算
总规划	总目标：绩效、人力资源总量、素质、员工满勤度	基本政策扩大、收缩、改革、稳定等	总体步骤按年安排，如完善人力资源信息系统等	总预算：××万元
人员补充计划	类型、数量对人力资源结构及绩效的改善等	人员标准、人员来源、起点待遇等	拟定标准、广告宣传、考试录用、培训上岗	招聘、选拔费用
人员使用计划	部门编制、人力资源结构优化、绩效改善、人力资源职位匹配、职务轮换	任职条件、人员轮换范围及时间	略	按使用规模、类别、人员状况决定工资福利
人员接替与提升计划	后备人员数量保持、改善人员结构、提高绩效目标	选拔标准、资格、试用期、提升比例、未提升人员安置	略	职务变化引起的工资变化
教育培训计划	素质与绩效改善、培训类型与数量、提供新人员、转变员工劳动态度	培训时间的保证、培训效果的保证	略	教育培训总投入、脱产损失
工资激励计划	降低离职率、提高士气、改善绩效	工资政策、激励政策、反馈、激励重点	略	增加工资、预算
劳动关系计划	减少非期望离职率、改善雇佣关系、减少员工投诉与不满	参与管理、加强沟通	略	法律诉讼费
退休解聘计划	降低劳务成本，提高生产率	退休政策、解聘程序等	略	安置费

b. 人力资源成本分析。进行人力资源规划的目的之一，就是为了降低人力资源成本。人力资源成本，是指通过计算的方法来反映人力资源管理和员工的行为所引起的经济价值。人力资源成本是企业组织为了实现自己的组织目标，创造最佳经济和社会效益，而获得开发、使用、保障必要的人力资源及人力资源离职所支出的各项费用的总和。人力资源成本分为获得成本、开发成本、使用成本、保障成本和离职成本五类。

人力资源获得成本，是指企业在招募和录用员工过程中发生的成本，主要包括招募、选择、录用和安置员工所发生的费用。

人力资源开发成本，是指企业为提高员工的生产能力，为增加企业人力资产的价值而发生的成本，主要包括上岗前教育成本、岗位培训成本、脱产培训成本。

人力资源使用成本，是指企业在使用员工劳动力的过程中发生的成本，包括维持成本、奖励成本、调剂成本等。

人力资源保障成本，是指保障人力资源在暂时或长期丧失使用价值时的生存权而必须支付的费用，包括劳动事故保障、健康保障、退休养老保障等费用。

人力资源的离职成本，是指由于员工离开企业而产生的成本。包括离职补偿成本、离职低效成本、空职成本。

当然，定量分析内容不仅仅包括以上指标，它只是提供了一个思路。数据的细化分析是没有止境的，例如，在离职上有不同部门的离职率（部门、总部、分部）、不同人群组的离职率（年龄、种族、性别、教育、业绩、岗位）和不同理由的离职率；在到岗时间分析上，可以把它分为用人部门提出报告，人力资源部门做出反应，刊登招聘广告、面试、复试、到岗等各种时间段，然后分析影响到岗的关键点。当然，度量不能随意地创造数据，我们最终度量的是功效，即如何以最小的投入得到最大的产出。

对企业来说，它需要人力资源部门根据实际工作收集数据和对数据进行分析。以便及早发现问题和提出警告，进行事前控制，指出进一步提高效率的机会。如果没有度量，就无法确切地知道工作是进步了还是退步了，人力资源管理部门通过提高招聘、劳动报酬和激励、规划、培训等一切活动的效率，来降低企业的成本。提高企业的效率、质量和整体竞争力。

对人力资源管理工作者来说，他必须适应企业管理的发展水平。有了度量，可以让规划、招聘、培训、咨询、薪资管理等工作都有具体的依据；让员工明白组织期望他们做什么，将以什么样的标准评价，使员工能够把精力集中在一些比较重要的任务和目标上，为人力资源管理工作的业绩测度和评价提供了相对客观的指标。

c. 制订人力资源规划的程序。人力资源规划，作为企业人力资源管理的一项基础工作，其核心部分包括人力资源需求预测、人力资源供应预测和人力资源供需综合平衡三项工作。人力资源规划程序如图 5-2 所示。

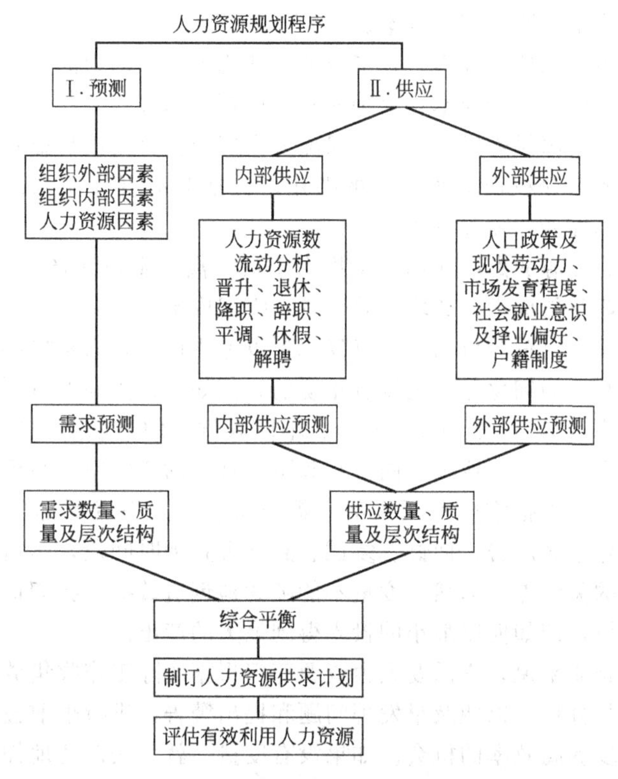

图 5-2 人力资源规划程序

人力资源规划的过程大致分为以下几个步骤。

• 调查、收集和整理相关信息。影响企业经营管理的因素很多，例如，产品结构、市场占有率、生产和销售方式、技术装备的先进程度以及企业经营环境，包括社会的政治、经济、法律环境等因素是企业制定规划的硬约束，任何企业的人力资源规划都必须加以考虑。

• 核查组织现有人力资源。核查组织现有人力资源就是通过明确现有人员的数量、质量、结构以及分布情况，为将来制定人力资源规划做准备。它要求组织建立完善的人力资源管理信息系统。即借助现代管理手段和设备，详细占有企业员工各方面的资料，包括员工的自然情况、录用资料、工资、工作执行情况、职务和离职记录、工作态度和绩效表现。只有这样，才能对企业人员情况全面了解，才能准确地进行企业人力资源规划。

• 预测组织人力资源需求。预测组织人力资源需求可以与人力资源核查同时进行，它主要是根据组织战略规划和组织的内外条件，选择预测技术，然后对人力需求结构和数量进行预测。了解企业对各类人力资源的需求情况，以及可以满足上述需求的内部和外部的人力资源的供给情况，并对其中的缺点进行分析，这是一项技术性较强的工作，其准确程度直接决定了规划的效果和成败，它是整个人力资源规划中最困难，同时也是最关键的工作。

• 制订人员供求平衡规划政策。根据供求关系以及人员净需求量，制定出相应的规划和政策。以确保组织发展在各时间点上人力资源供给和需求的平衡。也就是制订各种具体的规划，保证各时间点上人员供求的一致，主要包括晋升规划、补充规划、培训发展规划、员工职业生涯规划等。人力资源供求达到协调平衡是人力资源规划活动的落脚点和归宿，人力资源供需预测是为这一活动服务的。

• 对人力资源规划工作进行控制和评价。人力资源规划的基础是人力资源预测。但预测与现实毕竟有差异，因此。制订出来的人力资源规划在执行过程中必须加以调整和控制，使之与实际情况相适应。因此，执行反馈是人力资源规划工作的重要环节，也是对整个规划工作的执行控制过程。

• 评估人力资源规划。评估人力资源规划是人力资源规划过程中的最后一步。人力资源规划不是一成不变的，它是一个动态的开放系统，对其过程及结果必须进行监督、评估，并重视信息反馈，不断调整，使其更加切合实际，更好地促进企业目标的实现。

• 人力资源规划的审核和评估工作。应在明确审核必要性的基础上，制定相应的标准。同时，在对人力资源规划进行审核与评估过程中，还要注意组织的保证和选用正确的方法。

d. 制订人力资源规划的典型步骤。由于各企业的具体情况不同，所以，制订人力资源规划的步骤也不尽相同。制订人力资源规划的典型步骤，见表5-3。

表5-3　制订人力资源规划的典型步骤

步骤	说明
制订职务编制计划	根据组织发展规划和组织工作方案，结合工作分析的内容，确定职务编制计划。职务编制计划阐述了组织结构、职务设置、职务描述和职务资格要求等内容。制订职务编制计划的目的是为了描述未来的组织职能规模和模式
制订人员配置计划	根据组织发展规划，结合人力资源盘点报告，制订人员配置计划。人员配置计划阐述了单位每个职位的人员数量、人员的职务变动、职务空缺数量的补充办法等
预测人员需求	根据职务编制计划和人员配置计划，采用预测方法，进行人员需求预测。在预测人员需求中，应阐明需求的职务名称、人员数量、希望到岗时间等。同时，还要形成一个标明员工数量、招聘成本、技能要求、工作类别及为完成组织目标所需的管理人员数量和层次的分列表
确定人员供给计划	人员供给计划是人员需求的对策性计划。人员供给计划的编制，要在对本单位现有人力资源进行盘存的情况下，结合员工变动的规律，阐述人员供给的方式，包括人员的内部流动方法、外部流动政策、人员的获取途径和具体方法等
制订培训计划	为了使员工适应形势发展的需要，有必要对员工进行培训，包括新员工的上岗培训和老员工的继续教育，以及各种专业培训等。培训计划涉及培训政策、培训需求、培训内容、培训形式、培训考核等内容

续表

步骤	说明
制订人力资源管理政策调整计划	人力资源政策调整计划，是对组织发展和组织人力资源管理之间关系的主动协调，目的是确保人力资源管理工作主动地适应形势发展的需要。计划中应明确计划期内的人力资源政策的调整原因、调整步骤和调整范围等。其中包括招聘政策、绩效考核政策、薪酬与福利政策、激励政策、职业生涯规划政策、员工管理政策等
编制人力资源费用预算	编制人力资源费用主要包括招聘费用、培训费用、福利费用、调配费用、奖励费用、其他非员工的直接待遇，以及与人力资源开发利用有关的费用
关键任务的风险分析及对策	任何单位在人力资源管理中都可能遇到风险，如招聘失败、新政策引起员工不满，这些都可能影响公司的正常运行。风险分析就是通过风险识别、风险估计、风险驾驭、风险监控等一系列活动来防范风险的发生

人力资源规划编制完毕后，应先与各部门负责人沟通，根据沟通的结果进行反馈。最后再提交给公司决策层审议通过。

5.1.2 人力资源管理概述

（1）人力资源管理的含义

人力资源管理是指运用现代化的科学方法，对与一定物力相结合的人力进行合理的培训、组织与调配，使人力、物力经常保持最佳比例；同时对人的思想、心理和行为动机进行恰当的诱导、控制和协调，充分发挥人的主观能动性，使人尽其才，事得其人，人事相宜，以实现组织目标。

从两个方面了解人力资源管理：

① 首先，对人力资源外在要素——量的管理。就是根据人力和物力及其变化，对人力进行恰当的培训、组织和协调，使两者经常保持最佳比例和有机的结合，使人和物都充分发挥出最佳效应。

② 其次，对人力资源内存要素——质的管理。其包括对个体和群体的思想、心理和行为的协调、控制和管理，充分发挥人的主观能动性，以达到组织目标。

（2）人力资源管理的具体内容

人力资源管理的具体内容，见表5-4所示。

表5-4 人力资源管理的具体内容

序号	内容	释义
1	工作分析	即对具体工作岗位的研究
2	人力资源规划	即确定人力资源需求
3	招聘	即吸引潜在员工
4	选拔	即测试和挑选新员工
5	培训和开发	即教导员工如何完成他们的工作以及为将来做好准备
6	报酬方案	即如何向员工提供报酬
7	绩效管理	即对员工的工作绩效进行评价
8	员工关系	即创造一种和谐的和积极的工作环境

（3）现代人力资源管理的主要特点

① 现代人力资源管理以“人”为核心，强调一种动态的、心理的、意识的调节和开发，管理的根本出发点是“着眼于人”，其管理归结于人与事的系统优化，致使企业取得最佳的社会和经济效益。

② 现代人力资源管理把人作为一种“资源”，注重产出和开发，企业承包必须小心保护、引导和开发。

（4）人力资源管理的目的和意义

人力资源管理的目的：一是为满足企业任务需要和发展要求；二是吸引潜在的合格的应聘者；三是留住符合需要的员工；四是激励员工更好地工作；五是保证员工安全和健康；六是提高员工素质、知识和技能；七是发掘员工的潜能；八是使员工得到个人成长空间。

人力资源管理对企业具有四点重大意义：一是提高生产率，即以一定的投入获得更多的产出；二是提高工作生活质量，是指员工在工作中产生良好的心理和生理健康感觉，如安全感、归属感、参与感、满意感、成就与发展感等；三是提高经济效益，即获得更多的盈利；四是符合法律规定，即遵守各项有关法律、法规。

人力资源管理的目标：取得最大的使用价值；发挥人的最大的主观能动性，激发人才活力；培养全面发展的人。

人力资源管理的最终结果（或称底线），必然与企业生存、竞争力、发展、盈利及适应力有关。

（5）人力资源管理的职能与措施

① 获取。获取职能包括工作分析、人力资源规划、招聘、选拔与使用等活动。

工作分析是人力资源管理的基础性工作。在这个过程中，要对每一职务的任务、职责、环境及任职资格做出描述，编写出岗位说明书。

人力资源规划是将企业对人员数量和质量的需求与人力资源的有效供给相协调。需求源于组织工作的现状与对未来的预测，供给则涉及内部与外部的有效人力资源。

招聘应根据对应聘人员的吸引程度选择最合适的招聘方式，如利用报纸广告、网上招聘、职业介绍所等。

选拔与使用选拔有多种方法，如利用求职申请表、面试、测试和评价中心等。使用是指对经过上岗培训，考试后合格的人员安排工作。

② 保持。保持职能包括两个方面的活动：一是保持员工的工作积极性，如公平的报酬、有效的沟通与参与、融洽的劳资关系等；二是保持健康安全的工作环境。

a. 报酬是指制订公平合理的工资制度。

b. 沟通与参与指的是公平对待员工，疏通关系，沟通感情，参与管理等。

c. 劳资关系指的是处理劳资关系方面的纠纷和事务，促进劳资关系的改善。

③ 发展。发展职能包括员工培训、职业发展管理等。

a. 员工培训是指根据个人、工作、企业的需要制订培训计划，选择培训的方式和方法，对培训效果进行评估。

b. 职业发展管理指的是帮助员工制订个人发展计划，使个人的发展与企业的发展相协调，满足个人成长的需要。

④ 评价。评价职能包括工作评价、绩效考核、满意度调查等。其中绩效考核是核心。它是奖惩、晋升等人力资源管理及其决策的依据。

⑤ 调整。调整职能包括人员调配系统、晋升系统等。

人力资源管理的各项具体活动，是按一定程序展开的，各环节之间是关联的。没有工作分析，也就不可能有人力资源规划；没有人力资源规划，也就难以进行有针对性的招聘；在没有进行人员配置之前，不可能进行培训；不经过培训，难以保证上岗后胜任工作；不胜任工作，绩效评估或考核就没有意义。对于正在运行中的企业，人力资源管理可以从任何一个环节开始。但是，无论从哪个环节开始，都必须形成一个闭环系统，就是说要保证各环节的连贯性。否则，人力资源管理就不可能有效地发挥作用。人力资源管理系统如图 5-3 所示。

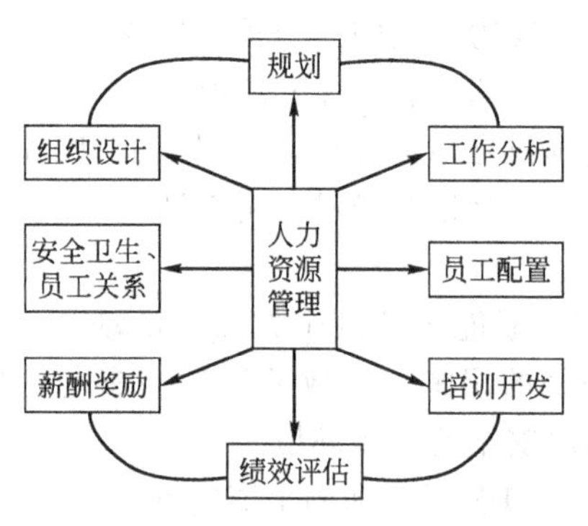

图 5-3　人力资源管理系统

(6) 绩效考评

① 绩效考评的内容

a. “德”指人的政治思想素质、道德素质和心理素质。

b. “能”指人的能力素质，即认识世界和改造世界的本领。

c. “勤”指勤奋敬业精神，主要指人员的工作积极性、创造性、主动性、纪律性和出勤率。

d. “绩”指人员的工作绩效，包括完成工作的数量、质量、经济效益和社会效益。

② 绩效考评的方法

a. 民意测验法。此法的优点是群众性和民主性较好，缺点是主要从下而上考察干部，群众缺乏足够全面的信息，会在掌握考核标准上带来偏差或非科学因素。一般将此法用作辅助的、参考的手段。

b. 共同确定法。此法目前被广泛用于职称的评定，即由考核小组成员按考核内容，逐人逐项打分，去掉若干最高分和若干最低分，余下的取平均分，用以确定最终考核得分。

c. 配对比较法。此法优点是准确较高，缺点是操作烦琐，因此每次考核人数宜少，通常 10 人左右。

d. 要素评定法。也称功能测评法、根据不同类型人员确定不同的考核要素，然后制定考核（测评）表，由主考人员逐项打分。一般将每个要素按优劣程序划分 3～5 个等级，每个等级相应地根据因素的重要性取得不同的记分。一般由被考核人员本人、下级、同级、上级各填一考核表，再综合计算得分，会更准确些。

e. 情景模拟法。其优点是身临其境，真实性和准确性高，其缺点是耗费许多人力、物力、财力。目前在发达国家实际采用的情景模拟法只是一种“想象模拟”，即“假如您在某个岗位”，或用计算机模拟系统进行仿真。

5.1.3 园林项目人力资源管理

对于园林项目而言，人们趋向于把人力资源定义为所有同项目有关的人，一部分为园林项目的生产者，即设计单位、监理单位、承包单位等的员工，包括生产人员、技术人员及各级领导；一部分为园林项目的消费者，即建设单位的人员和业主，他们是订购、购买服务或产品的人。

（1）园林项目人力资源管理的内容

园林项目人力资源管理是项目经理的职责。在园林项目运转过程中，项目内部汇集了一批技术的、财务的、工程的等方面的精英。项目经理必须将项目中的这些成员分别组建到一个个有效的团队中去，使组织发挥整体远大于局部之和的效果。为此。开展协调工作就显得非常重要，项目经理必须解决冲突，弱化矛盾，必须高屋建瓴地策划全局。

园林项目人力资源管理属于微观人力资源管理的范畴。园林项目人力资源管理可以理解为针对园林人力资源的取得、培训、保持和利用等方面所进行的计划、组织、指挥和控制活动。

具体而言，园林项目人力资源管理包括以下内容。

① 园林项目人力资源规划。

② 园林项目岗位群分析。

③ 园林项目员工招聘。

④ 园林项目员工培训和开发。

⑤ 建立公平合理的薪酬系统和福利制度。

⑥ 绩效评估。

（2）园林项目人力资源的优化配置

① 施工劳动力现状。随着国家用工制度的改革，园林企业逐步形成了多种形式的用工制度，包括固定工、合同工和临时工等形式。形成劳动力弹性供求结构，适应园林工程项目施工中用工弹性和流动性的要求。

② 园林项目劳动力计划的编制。劳动力综合需要计划是确定暂设园林工程规模和组织劳动力市场的依据。编制时首先应根据工种工程量汇总表中列出的各专业工种的工程量。查相应定额得到各主要工种的劳动量，再根据总进度计划表中各单位工程工种的持续时间。求得某单位工程在某段时间里的平均劳动力数。然后用同样方法计算出各主要工种在各个时期的平均工人数，编制劳动力需要量计划表（表4-6）。

表4-6中的工种名称除生产人员外，还应该包括附属辅助用工（如机修、运输、构件加工、材料保管等）以及服务和管理用工；劳动力需要量计划表应附有分季度的劳动力动态曲线。

③ 园林项目劳动力的优化配置。园林项目所需劳动力以及种类、数量、时间、来源等问题。应就项目的具体状况做出具体的安排。安排得合理与否将直接影响项目的实现。劳动力的合理安排需要通过对劳动力的优化配置才能实现。

园林项目中，劳动力管理的正确思路是：劳动力的关键在使用，使用的关键在提高效率，提高效率的关键是调动员工的积极性，调动积极性的最好办法是加强思想政治工作和运用科学的观点进行恰当的激励。

园林项目劳动力优化配置的依据主要涉及项目性质、项目进度计划、项目劳动力资源供应环境，需要什么样的劳动力、需要多少，应根据在该时间段所进行的工作活动情况予以确定。同时，还要考虑劳动力的优化配置和进度计划之间的综合平衡问题。

园林项目不同或项目所在地不同，其劳动力资源供应环境也不相同，项目所需劳动力取自何处。应在分析项目劳动力资源供应环境的基础上加以正确选择。

园林项目劳动力优化配置首先应根据项目分解结构，按照充分利用、提高效率、降低成本的原则确定每项工作或活动所需劳动力的种类和数量；然后再根据项目的初步进度计划进行劳动力配置的时间安排；接下来在考虑劳动力资源的来源基础上进行劳动力资源的平衡和优化；最后形成劳动力优化配置计划。

5.2 技术管理

技术是人类为实现社会需要而创造和发展起来的手段、方法和技能的总称。它是技术工作中技术人才、技术设备和技术资料等技术要素的综合。

技术管理是指对企业全部生产技术工作的计划、组织、指挥、协调和监督，是对各项技术活动的技术要素进行科学管理的总和。搞好园林工程建设的技术管理工作，要从园林工程建设的特点出发，以优质、快速、低耗的要求为标准，把科学技术、经济与管理密切结合起来，使科学技术的成果及时转化为生产力。这样有利于提高园林建设工程的技术水平，充分发挥现有机械设备的能力，提高劳动生产率，降低园林工程建设成本，增强施工企业的竞争力，提高经济效益和社会效益。

5.2.1 园林工程建设技术管理的组成

施工企业的技术管理工作主要由施工技术准备、施工过程技术工作、技术开发工作三方面组成，园林工程建设施工技术管理的组成，如图 5-4 所示。

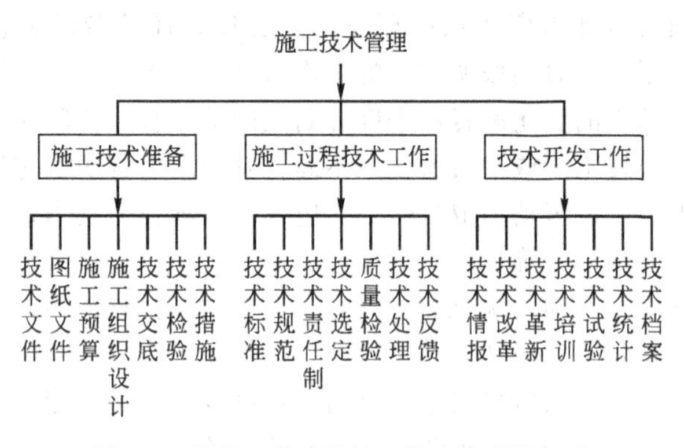

图 5-4 园林工程建设施工技术管理的组成

5.2.2 园林工程建设技术管理的特点

由于园林工程自身的特点，在技术管理上要针对园林艺术性和生物性的要求，采取相应的技术手段，合理组织技术管理。

(1) 园林工程建设技术管理的综合性

园林工程是艺术工程，是工程技术和生物技术与园林艺术的结合，既要保证园林工程建设发挥它绿化环境的功能，同时又要发挥它供人们欣赏的艺术功能，满足人们文化生活的需要，这些都要求园林工程建设必须重视各方面的技术工作。因此，在园林工程建设中采用先进的科学技术手段，逐步形成独特的园艺技术体系，掌握自然规律，利用自然规律创造出最好的经济效果和艺术效果。

(2) 园林工程建设技术管理的相关性

园林工程建设过程中，各项技术措施是密切相关的，在协调妥当的情况下，可以相互促进；在协调失当的情况下，可能相互矛盾。因此，园林工程建设技术管理的相关性在园林工程施工中具有特殊意义。例如，栽植工程的起苗、运苗、植苗与管护；园路工程的基层与面层；假山工程的基础、底层、中层、压顶等环节都是相互依赖、相互制约的。上道工序技术应用得好，保证了质量，为下道工序打好基础，才能保证整个项目的质量。相反，上道工序技术出现问题，影响质量，就会影响下道工序的进行和质量，甚至影响全项目的完成和质量要求。

(3) 园林工程建设技术管理的多样性

园林工程技术的应用主要是绿化施工和园林建筑施工，但两者所应用的材料是多样的，选择的施工方法是多样的，这就要求有与之相适应的不同工程技术，因此园林技术具有多样性。

(4) 园林工程建设技术管理的季节性

园林工程建设多为露天施工，受气候等外界因素影响很大，季节性较强，尤其是土方工程、栽植工程等。应根据季节不同，采取不同的技术措施，使之能适应季节变化，创造适宜的施工条件。

5.2.3 园林工程建设技术管理内容

(1) 建立技术管理体系，加强技术管理制度建设

要加强技术管理工作，充分发挥技术优势，施工单位应该建立健全技术管理机构，形成单位内纵向的技术管理关系和对外横向的技术协作关系，使之成为以技术为导向的网络管理体系。要在该体系中强化高级技术人员的领导作用，设立以总工程师为核心的三级技术管理系统，重视各级技术人员的相互协作，并将技术优势应用于园林工程施工之中。

对于施工企业，仅仅建立稳定的技术管理机构是不够的，应充分发挥机构的职责，制定和完善技术管理制度，并使制度在实际工作中得到贯彻落实。为此，园林施工单位应建立以下制度。

① 图纸会审管理制度。施工单位应认识到设计图纸会审的重要性。园林工程建设是综合性的艺术作品，它展示了作者的创作思想和艺术风格。因此，熟悉图纸是搞好园林施工的基础工作，应给予足够的重视。通过会审还可以发现设计与现场实际的矛盾，研究确定解决办法，为顺利施工创造条件。

② 技术交底制度。施工企业必须建立技术交底制度，向基层组织交代清楚施工任务、施工工期、技术要求等，避免盲目施工，操作失误，影响质量，延误工期。

③ 计划先导的管理制度。计划、组织、指挥、协调与监督是现代施工管理五大职能。在施工管理中要特别注意发挥计划职能。要建立以施工组织设计为先导的技术管理制度用以指导施工。

④ 材料检查制度。材料、设备的优劣对工程质量有重要影响，为确保园林工程建设的施工质量，必须建立严格的材料检查制度。要选派责任心强、懂业务的技术人员负责这项工作，对园林施工中一切材料（含苗木）、设备、配件、构件等进行严格检验，坚持标准，杜绝不合格材料进场，以保证工程质量。

⑤ 基层统计管理制度。基层施工单位多是施工队或班组直接进行工程施工活动，是施工技术直接应用者或操作者。因此，应根据技术措施的贯彻情况，做好原始记录，作为技术档案的重要部分，也为今后的技术工作提供宝贵的经验。

技术统计工作也包括施工过程的各种数据记录及工程竣工验收记录。以上资料应整理成册，存档保管。

（2）建立技术责任制

园林工程建设技术性要求高，要充分发挥各级技术人员的作用，明确其职权和责任，便于完成任务。为此，应做好以下几方面工作。

① 落实领导任期技术责任制，明确技术职责范围。领导技术责任制是由总工程师、主任工程师和技术组长构成的以总工程师为核心的三级管理责任制。其主要职责是：全面负责单位内的技术工作和技术管理工作；组织编制单位内的技术发展规划，负责技术革新和科研工作；组织会审各种设计图纸，解决工程中技术关键问题；制定技术操作规程、技术标准及各种安全技术措施；组织技术培训，提高职工业务技术水平。

② 要保持单位内技术人员的相对稳定。避免频繁的调动，以利于技术经验的积累和技术水平的提高。

③ 要重视特殊技术人员的作用。园林工程中的假山置石、盆

景花卉、古建雕塑等需要丰富的技术经验，而掌握这些技术的绝大多数是老工人或老技术人员，要鼓励他们继续发挥技术特长，充分调动他们的积极性。同时要搞好传、帮、带工作，制订以老带新计划，使年轻人学习、继承他们的技艺，更好地为园林艺术服务。

（3）加强技术管理法制工作

加强技术管理法制工作是指园林工程施工中必须遵照园林有关法律、法规及现行的技术规范和技术规程。技术规范是对建设项目质量规格及检查方法所做的技术规定；技术规程是为了贯彻技术规范而对各种技术程序操作方法、机械使用、设备安装、技术安全等诸多方面所做的技术规定。由技术规范、技术规程及法规共同构成工程施工的法律体系，必须认真遵守、执行。

① 法律法规：包括合同法、环境保护法、建筑法、森林法、风景名胜区管理暂行条例及各种绿化管理条例等。

② 技术规范：包括公园设计规范、森林公园设计规范、建筑安装工程施工及验收规范、安装工程质量检验标准、建筑安装材料技术标准、架空索道安全技术标准等。

③ 技术规程：包括施工工艺规程、施工操作规程、安全操作规程、绿化工程技术规程等。

5.3 材料管理

5.3.1 园林工程施工材料的采购管理

在园林工程项目的建设过程中，采购是项目执行的一个重要环节，一般指物资供应人员或实体基于生产、转售、消耗等目的，购买商品或劳务的交易行为。

（1）采购的一般流程

采购管理是一个系统工程。其主要流程包括以下几方面。

① 提出采购申请。由需求单位根据施工需要提出拟采购材料的申请。

② 编制采购计划。采购部门从最好地满足项目需求的角度出

发，在项目范围说明书基础上确定是否采购、怎样采购、采购什么、采购多少以及何时采购。范围说明书是在项目干系人之间确认或建立的对项目范围的共识，是供未来项目决策的基准文档。范围说明书说明了项目目前的界限范围，它提供了在采购计划编制中必须考虑的有关项目需求和策略的重要信息。

③ 编制询价计划。编制询价工作中所需的文档，形成产品采购文档，同时确定可能的供方。

④ 询价。获取报价单或在适当的时候取得建议书。

⑤ 供应方选择。包括投标书或建议书的接受以及用于选择供应商的评价标准的应用，并从可能的卖主中选择产品的供方。

⑥ 合同管理。确保卖方履行合同的要求。

⑦ 合同收尾工作。包括任何未解决事项的决议、产品核实和管理收尾，如更新记录以反映最终结果，并对这些信息归档等。

（2）采购方式的选择

对某些重大工程的采购，业主为了确保工程的质量而以合同的形式要求承包商对特定物资的采购必须采取招标方式或者直接指定某家采购单位等，如果在承包合同中没有这些限制条件的话，承包商可以根据实际情况来决定有效的采购方式。通常情况下，承包方可选择的采购方式主要有以下几种。

① 竞争性招标。竞争性招标有利于降低采购的造价，确保所采购产品的质量和缩短工期。但采购的工作量较大，因而成本可能较高。

② 有限竞争性招标。有限竞争性招标又称为邀请招标，它是招标单位根据自己积累的资料或根据工程咨询机构提供的信息，选择若干有实力的合格单位发出邀请，应邀单位（一般在 3 家以上）在规定的时间内向招标单位提交意向书，购买招标文件进行投标。有限竞争性招标方式节省了资格评审工作的时间和费用，但可能使得一些更具有竞争优势的单位失去机会。

③ 询价采购。询价采购也称为比质比价法，它是根据几家供应商（一般至少 3 家）的报价、产品质量以及供货时间等，对多家供应商进行比较分析，目的是确保价格的合理性。这种方式一般适

用于现货采购或价值较小的标准规格设备，有时也用于小型、简单的土建工程。

④ 直接采购或直接签订合同。直接采购就是不进行竞争而直接与某单位签订合同的采购方式。这种方式一般都是在特定的采购环境中进行的。例如，所需设备具有专营性、承包合同中指定了采购单位、在竞争性招标中未能找到一家供应商以合理价格来承担所需工程的施工或提供货物等特殊情况。

（3）供应商的选择

供应商的选择是采购流程中的重要环节，它关系到对高质量材料供应来源的确定和评价，以及通过采购合同在销售完成之前或之后及时获得所需的产品或服务的可能性。一般供应商选择包括如下步骤。

① 供应商认证准备。认证准备工作的全过程，如图 5-5 所示。

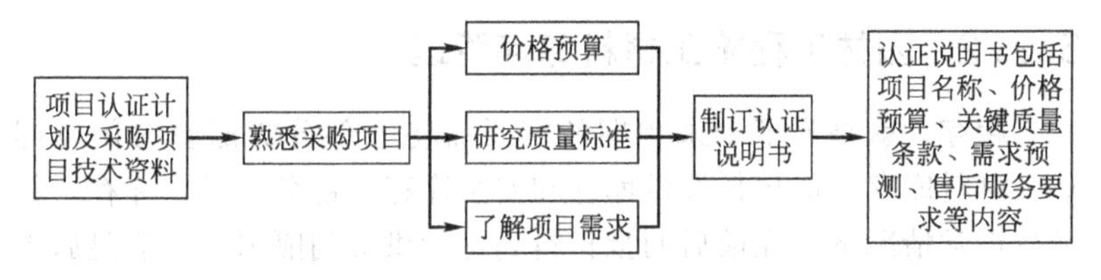

图 5-5　供应商认证准备过程

② 供应商初选。采购人员根据供应商认证说明书，有针对性地寻找供应商，搜集有关供应信息。一般信息来源有商品目录、行业期刊、各类广告、网络、业务往来、采购部门原有的记录等。对重点的供应商还可进行书面调查或实地考察，考察的内容包括供应商的一般经营情况、制造能力、技术能力、管理情况、品质认证情况等。通过以上环节，采购人员可以确定参加项目竞标的供应商，向他们发放认证说明书；供应商则可根据自身情况向采购方提交项目供应报告，主要包括项目价格、可达到的质量、能提供的月/年、供应量、售后服务情况等。

③ 与供应商试合作。初选供应商后，采购人员可与其签订试用合同，目的是检测供应商的实际供应能力。通过试合作甄选出合

适的供应商，进而签订正式的项目采购合同。

④ 对供应商评估。在供货过程中，采购人员应继续对供应商的绩效从质量、价格、交付、服务等方面进行追踪考察和评价。采购方对于供应商的服务评价指标主要有物料维修配合、物料更换配合、设计方案更改配合、合理化建议数量、上门服务程度、竞争公正性表现等。

由于植物、石料、装饰品等材料的艺术性要求和部分园林产品非标准化的特点，园林企业要特别重视供应商的储备，在园林工程项目的材料采购中，要特别强调在供应商选择和管理评估的基础上与供应商建立密切、长期、彼此信任的良好合作关系，要把供应商视为企业的外部延伸和良好的战略合作伙伴，使供应商尽早介入项目采购活动中，以便及时、足量、质优的完成项目的材料预采购和采购任务。

5.3.2 园林工程施工材料库存管理

库存，就是为了未来预期的需要而将一部分资源暂时闲置起来。材料库存一般包括经常库存和安全库存两部分。经常库存，是指在正常情况下，在前后两批材料到达的供应间隔内，为满足施工生产的连续性而建立起来的库存。它的数量一般呈周期性变化。安全库存，则是为了预防某些不确定因素的发生而建立的库存，正常情况下是一经确定就是固定不变的库存量。

(1) ABC 分类法

园林工程材料管理不可能面面俱到，因此在进行材料管理时可以实行重点控制，“抓大放小”。大量的调查表明，材料的库存价值和品种的数量之间存在一定的比例关系。通常占品种数约 15%的物资约占 75%的库存资金，称为 A 类物资；占品种数约 30%的物资约占 20%的库存资金，称为 B 类物资；而占品种数约 55%的物资只占约 5%的库存资金，称为 C 类物资。对这些不同的物资可以采取不同的控制方法。例如，A 类物资应该是重点管理的材料，一般由企业物资部门采购，要进行严格的控制，确定经济的库存量，并对库存量随时进行盘点；对 B 类物资进行一般控制，可由项目经理部采购，适当管理；C 类物资则可稍加控制或不加控制，简化其管理方法。

(2) 供应商管理库存（VMI）

供应商管理库存，是一种用户和供应商之间的合作性策略，是在一个相互同意的目标框架下由供应商管理库存的新库存管理模式。它以对双方来说都是最低的成本来优化产品的可获性，以系统的、集成的管理思想进行库存管理，使供需方之间能够获得同步化的运作，体现了供应链的集成化管理思想。

采用传统的库存管理模式，具有采购提前期长、交易成本高、生产柔性差、人员配置多、工作流程复杂的缺陷。而 VMI 库存管理系统则突破了传统的条块分割的库存管理模式，它通过选择材料供应商，与选定的供应商签订框架协议的形式确定合作关系，对项目部而言，材料的供应管理工作主要是编制材料使用计划；对供应商而言，则是根据项目的材料使用计划，合理安排生产和运输，保证既不缺货，也不使现场有较大库存。采用 VMI 策略，将库存交由供应商管理，不仅可以使项目部集中精力在工程的核心业务上，还具有减少项目人员、降低项目成本、提高服务水平的优点。

5.3.3 施工现场的材料管理

(1) 原则和任务

① 全面规划，保障园林施工现场材料管理的有序进行。在园林工程开工前做出施工现场材料管理的规划，参与施工组织设计的编制，规划材料存放场地、运输道路，做好园林工程材料预算，制订施工现场材料管理目标。

② 合理计划，掌握进度，正确组织材料进场。按工程施工进度计划，组织材料分期分批有秩序地进场。一方面保证施工生产需要，另一方面可以防止形成大批剩余材料。

③ 严格验收，把好工程质量第一关。按照各种材料的品种、规格、质量、数量要求，严格对进场材料进行检查，办理收料。

④ 合理存放，促进园林工程施工的顺利进行。按照现场平面布置要求，做到适当存放，在方便施工、保证道路畅通、安全可靠

的原则下，尽量减少二次搬运。

⑤ 进入现场的园林材料应根据材料的属性妥善保管。园林工程材料各具特性，尤其是植物材料，其生理生态习性各不相同，因此，必须按照各项材料的自然属性，依据物资保管技术要求和现场客观条件，采取各种有效措施进行维护、保养，保证各项材料不降低使用价值，植物材料成活率高。

⑥ 控制领发，加强监督，最大限度地降低工程施工消耗。施工过程中，按照施工操作者所承担的任务，依据定额及有关资料进行严格的数量控制，提高物资材料使用率。

⑦ 加强材料使用记录与核算，改进现场材料管理措施。用实物量形式，通过对消耗活动进行记录、计算、控制、分析、考核和比较，正确反映消耗水平。

（2）管理的内容

① 材料计划管理。项目开工前，向企业材料部门提出一次性计划，作为供应备料依据；在施工中，根据工程变更及调整的施工预算，及时向企业材料部门提出调整供料月计划，作为动态供料的依据：根据施工平面图对现场设施的设计，按使用期提出施工设施用料计划，报供应部门作为送料的依据；按月对材料计划的执行情况进行检查，不断改进材料供应。

② 材料进场验收。为了把住质量和数量关，在材料进场时必须根据进料计划、送料凭证、质量保证书或产品合格证，进行材料的数量和质量验收；验收工作按质量验收规范和计量检测规定进行；验收内容包括品种、规格、型号、质量、数量等；验收要做好记录，办理验收手续；对不符合计划要求或质量不合格的材料应拒绝验收。

a. 现场材料人员接到材料进场的预报后，要做好以下五项准备工作。

• 检查现场施工便道有无障碍及平整通畅，车辆进出、转弯、调头是否方便，还应适当考虑回车道，以保证材料能顺利进场。

• 按照施工组织设计的场地平面布置图的要求，选择适当的堆料场地，要求平整、没有积水。

• 必须进现场临时仓库的材料，按照“轻物上架、重物近门、取用方便”的原则，准备好库位，防潮、防霉材料要事先铺好垫板，易燃易爆材料一定要准备好危险品仓库。

• 夜间进料要准备好照明设备，道路两侧及堆料场地都应有足够的照明，以保证安全生产。

• 准备好装卸设备、计量设备、遮盖设备等。

b. 现场材料的验收主要是检验材料品种、规格、数量和质量。验收步骤如下。

• 查看送料单，是否有误送。

• 核对实物的品种、规格、数量和质量，是否和凭证一致。

• 检查原始凭证是否齐全正确。

• 做好原始记录，填写收料日记，逐项详细填写，其中验收情况登记栏必须将验收过程中发生的问题填写清楚。

c. 根据材料的不同，其验收方法也不一样。几种验收方法如下。

• 水泥需要按规定取样送检，经实验安定性合格后方可使用。

• 木材质量验收包括材种验收和等级验收，数量以材积表示。

• 钢材质量验收分为外观质量验收和内在化学成分、力学性能验收。

• 园林建筑小品材料验收要详细核对加工计划，检查规格、型号和数量。

• 园林植物材料验收时应确认植物材料形状尺寸（树高、胸径、冠幅等）、树型、树势、根的状态及有无病虫害等，搬入现场时还要再次确认树木根系与土球状况、运输时有无损伤等，同时还应该做好数量的统计与确认工作。

③ 材料的储存与保管。进库的材料应验收入库，建立台账；现场的材料必须防火、防盗、防雨、防变质、防损坏；施工现场材料的放置要按平面布置图实施，做到位置正确、保管处置得当、合乎堆放保管制度；要日清、月结、定期盘点、账实相符。

园林植物材料坚持随挖、随运、随种的原则，尽量减少存放时间，如需假植，应及时进行。

④ 材料领发。凡有定额时工程用料，凭限额领料单领发材料；施工设施用料也实行定额发料制度，以设施用料计划进行总控制；超限额的用料，用料前应办理手续，填制限额领料单，注明超耗原因，经项目经理签发批准后实施；建立领发料台账，记录领发状况和节超状况。

a. 必须提高材料人员的业务素质和管理水平，要对在建的工程概况、施工进度计划、材料性能及工艺要求有进一步的了解，便于配合施工生产。

b. 根据施工生产需要，按照国家计量法规定，配备足够的计量器具，严格执行材料进场及发放的计量检测制度。

c. 在材料发放过程中，认真执行定额用料制度，核实工程量、材料的品种、规格及定额用量，以免影响施工生产。

d. 严格执行材料管理制度，大堆材料清底使用，水泥先进先出，装修材料按计划配套发放，以免造成浪费。

e. 对价值较高及易损、易坏、易丢的材料，发放时领发双方须当面点清，签字认证并做好发放记录，实行承包责任制，防止丢失损坏，以免发生重复领发料的现象。

⑤ 材料使用监督。材料的使用监督，就是对材料在施工生产消耗过程中进行组织、指挥、监督、调节和核算，借以消除不合理的消耗，达到物尽其用、降低材料成本、增加企业经济效益的目的。

a. 组织原材料集中加工，扩大成品供应。

b. 坚持按部分工程进行材料使用分析核算，以便及时发现问题，防止材料超用。

c. 现场材料管理责任者应对现场材料使用进行分工监督、检查。

d. 认真执行领发料手续，记录好材料使用台账。

e. 严格执行材料配合比，合理用料。

f. 每次检查都要做到情况有记录，原因有分析，明确责任，及时处理。

⑥ 材料回收

a. 回收和利用废旧材料，要求实行交旧（废）领新、包装回收、修旧利废。

b. 设施用料、包装物及容器等，在使用周期结束后组织回收。

c. 建立回收台账，处理好经济关系。

⑦ 周转材料现场管理

a. 按工程量、施工方案编报需用计划。

b. 各种周转材料均应按规格分别整齐码放，垛间留有通道。

c. 露天堆放的周转材料应有限制高度，并有防水等防护措施。

5.4 机械设备管理

园林工程项目机械设备是园林施工过程中所需要的各种器械用品的总称。它包括各种工程机械（如挖掘机、铲土机、起重机、修剪机、喷药机等）、各类汽车、维修和加工设备、测试仪器和试验设备等。机械设备是园林施工企业生产必不可少的物质技术基础，加强对机械设备的管理，对多快好省地完成施工任务和提高企业的经济效益有着十分重要的意义。

5.4.1 选择园林工程机械设备

园林工程项目本身具有的技术经济特点，决定了园林工程机械设备的特点。如施工的流动性决定了机械设备的频繁搬迁和拆装，使得园林工程机械呈现有效作业时间减少、利用率低、机械设备的精度差、磨损加速、机械设备使用寿命缩短等特点；而园林工程施工工种的多样性导致了任何机械设备在施工现场都呈现出配套性差、品种规格庞杂、维护和保修工作复杂、改造要求高等特点。因此尽管园林机械设备的使用形式有企业自有、租赁、外包等形式，但多数中小园林企业都选择租赁形式。

（1）选择园林工程机械设备的使用要求原则

园林企业在选择机械设备时，应综合考虑机械设备本身的技术条件和经济条件，以及机械设备对企业生产经营的适用性。从使用的角度主要应满足以下要求。

① 生产率：指设备单位时间内的输出，一般以单位时间内的产量来表示。机械设备的生产率应该与企业的长期计划任务相适应，既要避免购买很快就要超负荷的设备，又要防止购买有较大过剩生产能力的设备。

② 可靠性与易维修性：衡量设备有效利用程度的指标是设备有效利用率，它是机械可工作时间与总时间的比值。要提高设备的有效利用率，就要提高设备的可靠性与易维修性。

③ 成套性：指设备在种类、数量与生产能力上都要配套。一个生产系统拥有很多设备，哪一种缺少或哪一种数量不足，都会对整个系统有影响。而个别设备的生产率特别高，并不会使整个生产系统的生产率大幅度提高；但个别设备的生产率特别低，则会使整个生产系统的生产率降低。

④ 适应性：指设备适应不同的工作对象、工作条件和环境的特性。机器设备适应能力越强，企业对设备投资就可以越少。

⑤ 节能性：指设备节省能源消耗的能力。节能性一般以机器设备单位运转时间的能源消耗来表示，如每小时的耗电量、每小时的耗油量等。也可以以单位产品的能源消耗量来表示。

⑥ 环保性：指机械设备在环境保护方面的性能，如噪声或排放有害物质指标等。随着全社会环保意识的增加，机械的环保性不仅影响着施工现场是否扰民，还决定着施工能否合法进行，企业对机械设备的投资是否经济或有效。

⑦ 安全稳定性：指机械在生产中的安全、稳定的保证程度。

(2) 选择园林工程机械设备的经济要求原则

在满足了使用要求的前提下，选择设备时，还要进行经济评价，选择经济上最合算的设备。其经济评价方法主要有投资回收期比较法、设备年平均寿命周期费用比较法、单位工程量成本比较法。

5.4.2 园林机械设备管理分类

(1) 综合管理

① 合理配备园林机械设备。园林工程施工需要多种类型的机械设备。为提高施工作业效率，就要结合各施工工序、工艺的要求合理配备机械设备种类，充分发挥设备的技术性能，实行机械化、规模化的方式作业，以提高施工作业效率、加快施工进度。

② 机械设备制度化管理。对施工机械设备的管理也应纳入制度化系统管理之中。针对施工机械设备和其岗位状况，正确制定作业操作指标与奖惩制度相匹配的岗位责任制，建立健全各项规章制度，严格执行机械安全文明的操作规程。

③ 加强机械操作者的职业技能培训管理。职业技能是衡量一名园林工人技术水平的重要标志。随着国民经济和人民物质文化水平的提高，园林绿化美化的环境造景已成为现代社会科学发展和可持续发展的重要标志，从而对园林工人的综合技术素质要求标准也越来越高，因而对员工的操作技能培训就显得尤为重要和必要，并且应该常抓不懈。

(2) 作业管理

① 恰当地安排机械施工作业任务与负荷。在对施工机械的操作管理中，要根据机械施工作业的特点、施工需要和设备性能、负荷，预先编制出合理的机械施工作业计划，再恰当地安排作业操作任务；应避免“大机小用”“精机粗用”以及超负荷、超作业范围的现象，可有效避免施工机械设备的效率浪费或对其造成不必要的功能及设施损坏。

② 实行施工机械的分类管理。应根据施工机械设备性能及使用情况，应对其进行按类管理。即划分等级，区别对待，对重点机械设备加强管理，以达到合理而有效地使用管理的目的，提高机械施工的生产率。

(3) 使用管理

① 自有施工机械的管理

a. 正确估算机械折旧年限。正确估算机械使用年限，可为机械更新换代做好准备工作。从理论上讲，当机械的运行产值效益大于运行费用（包括能耗、修理、工资及折旧），说明机械还在经济使用期，但随着机械磨损、机械故障的不断发生，修理费、能耗及工资不断加大，致使其工效降低，到一定程度运行费用就会和产值效益相差无几，甚至大于产值效益，此时应立即淘汰。

b. 规范上岗。应合理制定一整套机械使用、维修、操作规程。上岗人员必须进行岗前培训；实行机驾人员收入与台班效益和台班消耗紧密挂钩的分配制度。

② 租赁施工机械设备的管理

a. 办理租赁合同。签订租赁合同，明确双方的权利。应注明租赁费用、工作量计算方式、付款方式及安全责任等；其操作人员必须服从现场管理人员的统一调度指挥，以合同为依据进行日常管理。

b. 作业前交底。施工前首先应对租赁来的机械设备操作人员进行培训。培训的内容包括：工程施工作业概况、特点、机械操作要求、质量要求、各机械的配合作业要求、安全文明作业规定等。

c. 考核检查管理。采用定期与不定期相结合的办法，对租赁来的机械作业完成工作量、质量、规格以及机况等进行检查、记录，以掌握其运营状况，从而便于管理与调度，保证工程顺利实施。

③ 施工机械维修与保养管理。各类型施工机械的维修与保养均有明确的规定。在作业过程要求操作人员严格执行，在施工调度中要充分考虑各种机械的维修时间，以解决维修与施工的矛盾。贯彻全员维修制的内容包括全效率、全系统。全效率是指机械设备的综合效率，即机械设备的总费用与总所得之比；全效率是在一定的寿命周期内得到质量优、成本低、安全达标、人机配合协调的结合效果。全系统是指对机械设备从规划、设计、制造、使用、维修及保养直到报废进行管理。全员维修制是对机械设备保养管理的最佳方式。总而言之，要想达到对园林机械设备使用的优质化管理，就必须采取对机械设备进行技术性与科学性相结合的管理方式。

④ 加强机械作业场地管理。机械施工作业现场应达到通视、平整、排水畅通的程度。应提前划定行车路线，并设置路标予以标示，以避免机械相互干扰、降低运行效率；应经常对道路平整和维修。施工现场应设置机械作业专门管理人员，进行现场协调、指

挥，发现问题及时在现场给予解决。

5.5 园林信息管理

在企业生产经营活动过程中收集的，经过加工处理后，对企业管理和决策产生影响的各种数据的总称。

它通过数字、图表、表格等形式反映企业的生产经营活动状况，为管理者对整个企业实现有效的管理提供决策依据。

在企业的整个生产经营活动中始终贯穿着三种运动过程：物流过程；资金流过程；信息流过程。

信息流反映着物流和资金流的状况，并指挥着物流和资金流的运动。信息流动不畅，就难以进行有效的管理。管理信息是实施有效管理的重要基础，是组织的一种重要资源。

5.6 思考题

1. 人力资源都有哪些特征？
2. 如何进行人力资源管理？
3. 园林工程建设的技术管理都有哪些特点？
4. 如何领取和发放施工材料？
5. 什么是设备管理？设备管理应该遵循哪些原则？
6. 施工机械应该如何进行维修与保养？
7. 自有施工机械和租赁施工机械的管理有哪些区别？

6 园林工程项目施工管理

6.1 园林工程项目施工管理概述

6.1.1 园林工程施工管理的程序

园林工程施工管理的对象是施工整个过程中各阶段的工作。施工过程的五个阶段是施工管理的全过程，对施工全过程进行管理就构成了园林工程施工管理的程序。

(1) 投标、签约阶段

业主单位对园林项目进行设计和建设准备，具备了招标条件以后，便发出招标广告或邀请函，施工单位见到招标广告或邀请函后，从做出投标决策至中标签约，实质上就是在进行施工项目的工作。这是施工项目寿命周期的第一阶段，可称为立项阶段。本阶段的最终管理目标是签订工程承包合同。这一阶段主要进行以下工作。

① 园林施工企业从经营战略的高度做出是否投标争取承包该项目的决策。

② 决定投标以后，从多方面（企业自身、相关单位、市场、现场等）收集、掌握信息。

③ 编制既能使企业赢利，又有综合竞争力，可望中标的投标书。

④ 如果中标，则与招标方进行谈判，依法签订工程承包合同，

使合同符合国家法律、法规和国家计划，符合平等互利、等价有偿的原则。

(2) 施工准备阶段

施工单位与招标单位签订了工程承包合同，交易关系正式确立以后，便应组建项目经理部，然后以项目经理部为主，与企业经营层和管理层、业主单位配合进行施工准备，使工程具备开工和连续施工的基本条件。这一阶段主要进行以下工作。

① 成立项目经理部，根据工程管理的需要建立机构，配备管理人员。

② 编制施工组织设计，主要是施工方案、施工进度计划和施工平面图，用以指导施工准备和施工。

③ 制订施工管理规划，以指导施工管理活动。

④ 进行施工现场准备，使现场具备施工条件，有利于进行安全文明施工。

⑤ 编写开工申请报告待批。

(3) 施工阶段

这是一个自开工至竣工的实施过程。在这一过程中，项目经理部既是决策机构，又是责任机构。经营管理层、业主单位、监理单位的作用是支持、监督与协调。这一阶段的目标是完成合同规定的全部施工任务，达到验收、交工的条件。这一阶段主要进行以下工作。

① 按施工组织设计的安排进行施工。

② 在施工中努力做好动态控制工作，保证实现质量目标、进度目标、造价目标、安全目标、节约目标等。

③ 管好施工现场，实行文明施工。

④ 严格履行工程承包合同，处理好内外关系，做好合同变更及索赔。

⑤ 做好原始记录、协调、检查、分析等工作。

(4) 竣工验收与结算阶段

这一阶段可称为结束阶段，其目标是对项目成果进行总结、评价，对外结清债权债务，结束交易关系。本阶段主要进行以下工作。

① 在预验的基础上接受正式验收。

② 整理、移交竣工文件，进行财务结算，总结工作，编制竣工报告。

③ 办理工程交付手续。

④ 解散项目经理部。

（5）养护服务阶段

这是园林工程施工管理的最后阶段，即在交工验收后，按合同规定的责任期进行的养护管理工作，其目的是保证使用单位正常使用，发挥效益。

① 为保证工程正常使用而做必要的技术咨询和服务。

② 进行工程回访，听取使用单位意见，总结经验教训，进行必要的维护、维修和保修。

6.1.2 园林工程施工管理的内容

园林工程施工过程中，为了取得各阶段目标和最终目标的实现，在进行各项活动中，必须加强管理工作。园林工程施工管理是按阶段进行的，每个阶段都有不同的管理内容。

（1）园林工程施工准备阶段

园林工程施工项目在开工建设前要切实做好各项准备工作，包括技术准备、生产准备、施工现场准备。

（2）园林工程施工阶段

园林工程开工之后，工程管理人员应与技术人员密切合作，共同做好施工中的管理工作，即施工进度管理、质量管理、人力资源管理、成本管理、材料管理、现场管理、安全管理、资料管理和竣工验收及养护期管理等。

① 施工进度管理。施工进度管理是工程管理的重要指标，因而应在满足经济施工和质量的要求下，求得切实可行的最佳工期。为保证如期完成工程项目，应编制出符合上述要求的施工计划，包括合理的施工顺序、作业时间和作业成本等。

② 质量管理。确定施工现场作业标准量，测定和分析这些数

据，把相应的数据填入图表中并加以运用，即进行质量管理。有关管理人员及技术人员要正确掌握质量标准，根据质量管理图进行质量检查及生产管理，确保质量稳定。

③ 人力资源管理。人力资源管理应包括劳务用工招聘、合同手续、劳动保险、工资支付、劳务人员的生活管理等。

④ 成本管理。城市园林绿地建设工程是公共事业，必须提高成本意识。成本管理不是追逐利润的手段，利润应是成本管理的结果。

⑤ 材料管理。园林工程施工材料管理应本着施工材料全面管供、管用、管节约和管回收的原则，把好供应、管理、使用三个主要环节，以最低的材料成本，按质、按量、及时、配套供应施工生产所需的材料，并监督和促进材料的合理使用。

⑥ 现场管理。施工现场管理是指对施工场地如何科学安排、合理使用，并与各自环境保持协调关系。其目的就是规范场容、文明施工、安全有序、整洁卫生、不扰民、不损害公共利益。

⑦ 安全管理。在施工现场成立相关的安全管理组织，制订安全管理计划，以便有效地实施安全管理，严格按照各工程的操作规范进行操作，并应经常对工人进行安全教育。

⑧ 资料管理。施工单位应负责其施工范围内的资料收集和整理，对施工资料的真实性、完整性和有效性负责，并在工程竣工验收前，按合同要求将工程的施工资料整理汇总完成，移交建设单位进行工程竣工验收。

（3）竣工验收阶段

① 竣工验收的范围。根据国家现行规定，所有建设项目按照上级批准的设计文件所规定的内容和施工图样的要求建成。

② 竣工验收的准备工作。主要有整理技术资料、绘制竣工图样（应符合归档要求）、编制竣工决算等。

③ 组织项目验收。工程项目全部完工后，经过单项验收，符合设计要求，并具有竣工图表、竣工决算、工程总结等必要的文件资料，由施工单位向项目主管单位或负责验收的单位提出竣工验收申请报告，由验收单位组织相关人员进行审查、验收，做出评价，

对不合格的工程则不予验收，对工程的遗留问题应提出具体意见，限期完成。

④ 项目验收合格后确定对外开放日期。

(4) 建设项目后评价阶段

建设项目的后评价是工程项目竣工并使用一段时间后，再对立项决策、设计施工、竣工使用等全工程进行系统评价的一项技术经济活动。目前我国开展建设项目的后评价一般按三个层次组织实施，即项目单位的自我评价、行业评价、主要投资方或各级计划部门的评价。

6.2 园林工程项目施工现场管理

6.2.1 园林工程施工现场管理概述

(1) 施工现场管理的概念与目的

施工现场是指从事工程施工活动的施工场地（经批准占用）。该场地既包括红线以内占用的建筑用地和施工用地，又包括红线以外现场附近经批准占用的临时施工用地。它的管理是指对这些场地如何科学安排、合理使用，并与各自环境保持协调关系。

“规范场容、文明施工、安全有序、整洁卫生、不扰民、不损害公共利益”，这就是施工现场管理的目的。

(2) 施工现场管理的意义

① 施工现场管理的好坏首先关系到施工活动能否正常进行。施工现场是施工的“枢纽站”，大量的物资进场后“停站”于施工现场。活动在现场的大量劳动力、机械设备和管理人员，通过施工活动将这些物资一步步地转变成项目产品。这个“枢纽站”管理的好坏关系到人流、物流和财流是否畅通，施工生产活动是否能够顺利进行。

② 施工现场是一个“绳结”，把各专业管理工作联系在一起。在施工现场，各项专业管理工作按合理分工分头进行，而又密切协作，相互影响，相互制约，很难截然分开。施工现场管理的好坏，

直接关系到各项专业管理的技术经济效果。

③ 工程施工现场管理是一面“镜子”，能照出施工企业的面貌。一个文明的施工现场有着重要的社会效益，会赢得很好的社会信誉。反之，则会损害施工企业的社会信誉。

④ 工程施工现场管理是贯彻执行有关法规的“焦点”。施工现场与许多城市管理法规有关，每一个与施工现场管理发生联系的单位都聚焦于工程施工现场管理。因此，施工现场管理是一个严肃的社会问题和政治问题，不能有半点疏忽。

6.2.2 园林工程施工现场管理的特点

(1) 工程的艺术性

园林工程的最大特点在于它是一门艺术品工程，融科学性、技术性和艺术性于一体。园林艺术是一门综合艺术，涉及造型艺术、建筑艺术等诸多艺术领域，要求竣工的项目符合设计要求，达到预定功能。这就要求在施工时应注意园林工程的艺术性。

(2) 材料的多样性

构成园林的山、水、石、路、建筑等要素的多样性，也使园林工程施工材料具有多样性。一方面要为植物的多样性创造适宜的生态条件，另一方面又要考虑各种造园材料，如片石、卵石、砖等，形成不同的路面变化。现代塑山工艺材料以及防水材料更是各式各样。

(3) 工程的复杂性

工程的复杂性主要表现在工程规模日趋大型化，要求协同作业日益增多，加之新技术、新材料的广泛应用，对施工管理提出了更高要求。园林工程是内容广泛的建设工程，施工中涉及地形处理、建筑基础、驳岸护坡、园路假山、铺草植树等多方面，这就要求施工有全盘观念，环环相扣。

(4) 施工的安全性

园林设施多为人们直接利用和欣赏的，必须具有足够的安全性。

6.2.3 园林工程施工现场管理的内容

(1) 合理规划施工用地

首先要保证施工场内占地的合理使用。当场内空间不充足时，应会同建设单位、规划部门向公安交通部门申请，经批准后才能使用场外临时施工用地。

(2) 在施工组织设计中，科学地进行施工总平面设计

施工组织设计是园林工程施工现场管理的重要内容和依据，尤其是施工总平面设计，目的是对施工场地进行科学规划，以便合理利用空间。在施工平面布置图上，临时设施、大型机械、材料堆场、物资仓库、构件堆场、消防设施、道路及进出口、水电管线、周转使用场地等，都应各得其所，位置关系合理合法，从而使施工现场文明，有利于安全和环境保护，有利于节约，便于工程施工。

(3) 根据施工进展的具体需要，按阶段调整施工现场的平面布置

不同的施工阶段，施工的需要不同，现场的平面布置也应进行调整。当然，施工内容变化是主要原因，另外分包单位也随之变化，他们也对施工现场提出了新的要求。因此，不应当把施工现场当成一个固定不变的空间组合，而应当对它进行动态的管理和控制，但是调整也不能太频繁，以免造成浪费。

(4) 加强对施工现场使用的检查

现场管理人员应经常检查现场布置是否按平面布置图进行，是否符合各项规定，是否满足施工需要，还有哪些薄弱环节，从而为调整施工现场布置提供有用的信息，也使施工现场保持相对稳定，不被复杂的施工过程打乱或破坏。

(5) 建立文明的施工现场

文明的施工现场是指按照有关法规的要求，使施工现场和临时占地范围内秩序井然，文明安全，环境得到保持，绿地树木不被破坏，交通畅达，文物得以保存，防火设施完备，居民不受干扰，场容和环境卫生均符合要求。建立文明的施工现场有利于提高工

程质量和工作质量，提高企业信誉。为此，应当做到主管挂帅、系统把关、普遍检查、建章建制、责任到人、落实整改、严明奖惩。

① 主管挂帅。公司和工区均成立主要领导挂帅，各部门主要负责人参加的施工现场管理领导小组，在企业范围内建立以项目管理班子为核心的现场管理组织体系。

② 系统把关。各管理、业务系统对现场的管理进行分口负责，每月组织检查，发现问题及时整改。

③ 普遍检查。对现场管理的检查内容，按达标要求逐项检查，填写检查报告，评定现场管理先进单位。

④ 建章建制。建立施工现场管理规章制度和实施办法，按法办事，不得违背。

⑤ 责任到人。管理责任不但明确到部门，而且各部门要明确到人，以便落实管理工作。

⑥ 落实整改。针对各种问题，一旦发现，必须采取措施纠正，避免再度发生。无论涉及哪一级、哪一部门、哪一个人，都不能姑息迁就，必须落实整改。

⑦ 严明奖惩。如果成绩突出，便应按奖惩办法予以奖励；如果有问题，要按规定给予必要的处罚。

(6) 及时清场转移

施工结束后，项目管理班子应及时组织清场，将临时设施拆除，剩余物资退场，组织向新工程转移，以便整治规划场地，恢复临时占用土地，不留后患。

6.2.4 园林工程施工现场管理的方法

现场施工组织就是现场施工过程的管理，它是根据施工计划和施工组织设计，对拟建工程项目在施工过程中的进度、质量、安全、节约和现场平面布置等方面进行指挥、协调和控制，以达到施工过程中不断提高经济效益的目的。

(1) 组织施工

组织施工是依据施工方案对施工现场进行有计划、有组织的均衡施工活动。必须做好以下三个方面的工作。

① 施工中要有全局意识。园林工程是综合性艺术工程，工种复杂，材料繁多，施工技术要求高，这就要求现场施工管理全面到位，统筹安排。在注重关键工序施工的同时，不得忽视非关键工序的施工；各工序施工任务必须清楚衔接，材料、机具供应到位，从而使整个施工过程顺利进行。

② 组织施工要科学、合理和实际。施工组织设计中拟定的施工方案、施工进度、施工方法是科学合理组织施工的基础，应认真执行。施工中还要密切注意不同工作的时间要求，合理组织资源，保证施工进度。

③ 施工过程要做到全面监控。由于施工过程是繁杂的工程实施活动，各个环节都有可能出现一些在施工组织上、设计中未加考虑的问题，这要根据现场情况及时调整和解决，以保证施工质量。

(2) 施工作业计划的编制

施工作业计划和季度计划是对其基层施工组织在特定时间内以月度施工计划的形式下达施工任务的一种管理方式，虽然下达的施工期限很短，但对保证年度计划的完成意义重大。

① 施工作业计划的编制依据

a. 工程项目施工期与作业量。

b. 企业多年来基层施工管理的经验。

c. 上个月计划完成的状况。

d. 各种先进合理的定额指标。

e. 工程投标文件、施工承包合同和资金准备情况。

② 施工作业计划编制的方法。施工作业计划的编制因工程条件和施工企业的管理习惯不同而有所差异，计划的内容也有繁简之分。在编写的方法上，大多采用定额控制法、经验估算法和重要指标控制法三种。

定额控制法是利用工期定额、材料消耗定额、机械台班定额和劳动力定额等测算各项计划指标的完成情况，编制出计划表。经验估算法是参考上年度计划完成的情况及施工经验估算当前的各项指标。重要指标控制法则是先确定施工过程中哪几个工序为重点控制指标，从而制订出重点指标计划，再编制其他计划指标。实际工作中可结合这几种方法进行编制。施工作业计划一般都要有以下几方面的内容。

a. 年度计划和季度计划总表。

b. 根据季度计划编制出月份工程计划汇总表。

c. 按月工程计划汇总表中的本月计划形象进度确定各单项工程（或工序）的本月日程进度，用横道图表示，并计算出用工数量。

d. 利用施工日进度计划确定月份的劳动力计划，填写园林工程项目表。

e. 技术组织措施与降低成本计划表。

f. 月工程计划汇总表和施工日程进度表，制订必要的材料、机具月计划表。

在编制计划时，应将法定休息日和节假日扣除，即每月的所有天数不能连续算成工作日。另外，还要注意雨天或冰冻等天气影响，适当留有余地，一般可多留总工作天数的5%～8%。

(3) 施工任务单

施工任务单是由园林施工企业按季度施工计划给施工队所属班组下达施工任务的一种管理方式。通过施工任务单，基层施工班组对施工任务和工程范围更加明确，对工程的工期、安全、质量、技术、节约等要求更能全面把握。这有利于对工人进行考核和施工组织。

① 施工任务单的使用要求。

a. 施工任务单是下达给施工班组的，因此任务单所规定的任务、指标要明了具体。

b. 施工任务单的制定要以作业计划为依据，要实事求是、符合基层作业。

c. 施工任务单中所拟定的质量、安全、工作要求，技术与节约措施应具体化、易操作。

d. 施工任务单工期以半个月到一个月为宜，下达、回收要及时。班组的填写要细致、认真并及时总结分析。所有单据均要妥善保管。

② 施工任务单的执行。基层班组接到施工任务单后，要详细分析任务要求，了解工程范围，做好实地调查工作。同时，班组负责人要召集施工人员，讲解施工任务单中规定的主要指标及各种安全、质量、技术措施，明确具体任务。在施工中要经常检查、监督，对出现的问题要及时汇报并采取应急措施。各种原始数据和资料要认真记录和保管，为工程竣工验收做好准备。

(4) 施工平面图管理

施工平面图管理是指根据施工现场布置图对施工现场水平工作面的全面控制活动，其目的是充分发挥施工场地的工作面特性，合理组织劳动资源，按进度计划有序施工。园林工程施工范围广、工序多、工作面分散，因此，要做好施工平面的管理。

① 现场平面布置图是施工总平面管理的依据，应认真予以落实。

② 实际工作中若发现现场平面布置图有不符合施工现场的情况，要根据具体的施工条件提出修改意见。

③ 平面管理的实质是水平工作面的合理组织，因此，要视施工进度、材料供应、季节条件等做出劳动力安排。

④ 在现有的游览景区内施工，要注意园内的秩序和环境。材料堆放、运输应有一定的限制，以避免景区混乱。

⑤ 平面管理要注意灵活性与机动性。对不同的工序或不同的施工阶段要采取相应的措施，如夜间施工可调整供电线路，雨季施工要组织临时排水，突击施工要增加劳动力等。

⑥ 必须重视生产安全。施工人员要有足够的安全意识，注意检查、掌握现场动态，消除安全隐患，加强消防意识，确保施工安全。

(5) 施工调度

施工调度是保证合理工作面上的资源优化，是有效地使用机械、合理组织劳动力的一种施工管理手段。

进行施工合理调度是十分重要的管理环节，要着重把握以下几点。

① 减少频繁的劳动力资源调配，施工组织设计必须切合实际，科学合理，并将调度工作建立在计划管理的基础之上。

② 施工调度重点在于劳动力及机械设备的调配上，为此要对劳动力技术水平、操作能力、机械的性能和效率等有准确的把握。

③ 施工调度时要确保关键工序的施工，有效抽调关键线路的施工力量。

④ 施工调度要密切配合时间进度，结合具体的施工条件，因地、因时制宜，做到时间与空间的优化组合。

⑤ 调度工作要有及时性、准确性、预防性。

(6) 施工过程的检查与监督

园林工程是游人直接使用和接触的，不能存在丝毫的隐患，因此，应重视施工过程的检查与监督工作，要把它视为保证工程质量必不可少的环节，并贯穿于整个施工过程中。

① 检查的种类。根据检查对象的不同可将施工检查分为材料检查和中间作业检查两类。材料检查是指对施工所需的材料、设备的质量和数量的确认过程。中间作业检查是施工过程中作业结果的检查验收，分为施工阶段检查和隐蔽工程验收两种。

② 检查方法

a. 材料检查。检查材料时，要出示检查申请、材料入库记录、抽样指定申请、试验填报表和证明书等。不得购买假冒伪劣产品及材料；所购材料必须有合格证、质量检查证、厂家名称和有效使用日期；做好材料进出库的检查登记工作；要选派有经验的人员作仓库保管员，搞好材料验收、保管、发放和清点工作，做到“三把关，四拒收”，即把好数量关、质量关、单据关；拒收凭证不全、手续不整、数量不符、质量不合格的材料；绿化材料要根据苗木质量标准验收，保证成活率。

b. 中间作业检查。对一般的工序可按时间或施工阶段进行检查。检查时要准备好施工合同、施工说明书、施工图、施工现场照片、各种质量证明材料和试验结果等；园林景观的艺术效果是重要的评价标准，应对其加以检验确认，主要通过形状、尺寸、质地、色彩等加以检测；对园林绿化材料的检查，要以成活率和生长状况为主，并做到多次检查验收；对于隐蔽工程，要及时申请检查验收，待验收合格后方可进行下道工序；在检查中如发现问题，要尽快提出处理意见。

6.3 园林工程项目施工质量管理

6.3.1 园林工程施工质量概述

(1) 施工质量及质量控制的概念

施工质量是指通过施工全过程所形成的工程质量，使之满足用户从事生产或生活需要，而且必须达到设计、规范和合同规定的质量标准。

质量控制是为达到质量要求所采取的作业技术和活动。质量控制目标是施工管理中的一个主要目标，也是园林工程施工的核心，要达到一个高的工程施工质量，就需要进行全面质量管理。

(2) 全面质量管理

全面质量管理（TQC）又称为“三全管理”，即全过程的管理、全企业的管理和全体人员的管理。

全面质量管理是施工企业为了保证和提高工程质量，对施工的整个企业、全部人员和施工全部过程进行质量管理。它包括了产品质量、工序质量和工作质量，参与质量管理的人员也是全面的，要求施工部门及全体人员在整个施工过程中都应积极主动地参与工程质量管理。

(3) 园林工程质量的形成因素和阶段因素

① 人的质量意识和质量能力。人是质量活动的主体，对园林工程而言，人是泛指与工程有关的单位、组织及个人，包括建设单位、勘察设计单位、施工承包单位、监理及咨询服务单位、政府主管及工程质量监督监测单位、策划者、设计者、作业者、管理者等。

② 园林建筑材料、植物材料及相关工程用品的质量。园林工程质量的水平在很大程度上取决于园林材料和栽培园艺的发展，原材料及园林建筑装饰材料及其制品的开发，推动人们对风景园林和景观建设产品的需求不断趋新、趋美以及趋于多样性。因此，合理选择材料，所用材料、构配件和工程用品的质量规格、性能特征是否符合设计规定标准，直接关系到园林工程质量的形成。

③ 工程施工环境。工程施工环境包括地质、地貌、水文、气候等自然环境；施工现场的通风、照明、安全卫生防护设施等劳动作业环境；以及由工程承发包合同所涉及的多单位、多专业共同施工的管理关系，组织协调方式和现场质量控制系统等构成的社会环境。这些环境对工程质量的形成有着重要的影响。

④ 决策因素（阶段因素）。决策因素（阶段因素）是指可行性研究、资源论证、市场预测、决策的质量。决策人应从科学发展观的高度，充分考虑质量目标的控制水平和可能实现的技术经济条件，确保社会资源不浪费。

⑤ 设计阶段因素。园林植物的选择、植物资源的生态习性以及园林建筑物构造与结构设计的合理性、可靠性和可施工性都直接影响工程质量。

⑥ 工程施工阶段质量。施工阶段是实现质量目标的重要阶段，其中最重要的环节是施工方案的质量。施工方案包括施工技术方案和施工组织方案。施工技术方案是指施工的技术、工艺、方法和机械、设备、模具等施工手段的配置；施工组织方案是指施工程序、工艺顺序、施工流向、劳动组织方面的决定和安排。通常的施工程序是先准备后施工，先场外后场内，先地下后地上，先深后浅，先栽植后道路，先绿化后铺装等，都应在施工方案中明确，并编制相应的施工组织设计。

⑦ 工程养护质量。由于园林工程质量对生态和景观的要求取决于施工过程和工程养护，因此园林工程最终产品的形成取决于工程养护期的工作质量。工程养护对绿化景观含量高的工程尤其重要，这就是园林工程行业人士常说的“三分施工，七分养管”的意义所在。

(4) 园林工程质量的特点

园林工程产品（园林建筑、绿化产品）质量与工业产品质量的形成有显著的不同。园林工程产品位置固定，占地面积通常较大，园林建筑单体结构较复杂、体量较小、分布零散、整体协调性要求高；园林植物材料具有生命力；施工工艺流动性大，操作方法多样；园林要素构成复杂，质量要求不同，特别是对满足“隐含需要”的质量要求很难把握；露天作业受自然和气候条件制约因素多，建设周期较长。所有这些特点，导致了园林工程质量控制难度与其他建设项目的不同。

(5) 影响园林工程施工质量因素的控制

影响园林工程施工质量的因素主要有 5 个方面，即人、材料、机械、方法和环境。事前对这 5 个方面的因素严加控制，是保证施工质量的关键。

① 人的控制。人是指直接参与施工的组织者、指挥者和操作者。人，作为控制的对象，要避免产生失误；作为控制的动力，要充分调动其积极性，发挥其主导作用。为此，除了加强政治思想教育、劳动纪律教育、职业道德教育、专业技术培训，健全岗位责任制，改善劳动条件，公平合理地激励劳动热情以外，还需根据工程特点，从确保质量出发，在人的技术水平、人的生理缺陷、人的心理状态、人的错误行为等方面来控制人的使用。

此外，应严格禁止无技术资质的人员上岗操作；对不懂装懂、图省事、碰运气、有意违章的行为，必须及时制止。总之，在使用人的问题上，应从政治素质、思想素质、业务素质和身体素质等方面综合考虑，全面控制。

② 材料的控制。材料的控制包括原材料、成品、半成品、构配件等的控制，主要是严格检查验收，正确合理地使用，建立管理台账，进行收、发、储、运等各环节的技术管理，避免混料和将不合格的原材料使用到工程上。

③ 机械的控制。机械的控制包括施工机械设备、工具等的控制。要根据不同工艺特点和技术要求，选用合适的机械设备，正确使用、管理和保养好机械设备。为此要健全“人机固定”制度、

"操作证"制度、岗位责任制度、交接班制度、"技术保养"制度、"安全使用"制度、机械设备检查制度等，确保机械设备处于最佳使用状态。

④ 方法的控制。这里所说的方法的控制，包含施工方案、施工工艺、施工组织设计、施工技术措施等的控制，主要应切合工程实际解决施工难题，技术可行、经济合理，有利于保证质量、加快进度、降低成本。

⑤ 环境的控制。影响工程质量的环境因素较多，有工程技术环境，如工程地质、水文、气象等；工程管理环境，如质量保证体系、质量管理制度等；劳动环境，如劳动组合、作业场所、工作面等。环境因素对工程质量的影响具有复杂多变的特点，如气象条件变化万千，温度、湿度、大风、暴雨、酷暑、严寒都直接影响工程质量。

6.3.2 施工准备阶段的质量管理

园林建设工程施工准备是为保证园林施工正常进行而必须事先做好的工作。施工准备不仅在工程开工前要做好，而且贯穿于整个施工过程。施工准备的基本任务就是为工程建立一切必要的施工条件，确保施工生产顺利进行，确保工程质量符合要求。

(1) 研究和会审图纸及技术交底

通过研究和会审图纸，可以广泛听取使用人员、施工人员的正确意见，弥补设计上的不足，提高设计质量；可以使施工人员了解设计意图、技术要求、施工难点。

技术交底是施工前的一项重要准备工作，以使参与施工的技术人员与工人了解承建工程的特点、技术要求、施工工艺及施工操作要求等。

(2) 施工组织设计

施工组织设计是指导施工准备和组织施工的全面性技术经济文件。对施工组织设计，要求进行两个方面的控制：一是选定施工方案后，制定施工进度时，必须考虑施工顺序、施工流向，主要分部、分项工程的施工方法，特殊项目的施工方法和技术措施能否保证工程质量；二是制定施工方案时，必须进行技术经济比较，使园林建设工程满足符合设计要求以及保证质量，求得施工工期短、成本低、安全生产、效益好的施工过程。

（3）现场勘察“四通一平”和临时设施的搭建

掌握现场地质、水文勘察资料，检查“四通一平”、临时设施搭建能否满足施工需要，保证工程顺利进行。

（4）物资准备

检查原材料、构配件是否符合质量要求；施工机具是否可以进入正常运行状态。

（5）劳动力准备

施工力量的集结，能否进入正常的作业状态；特殊工种及缺门工种的培训，是否具备应有的操作技术和资格；劳动力的调配，工种间的搭接，能否为后续工种创造合理的、足够的工作面。

6.3.3 施工阶段的质量管理

按照施工组织设计总进度计划，编制具体的月度和分项工程施工作业计划和相应的质量计划。对材料、机具设备、施工工艺、操作人员、生产环境等影响质量的因素进行控制，以保持园林建设产品总体质量处于稳定状态。

（1）施工工艺的质量控制

工程项目施工应编制“施工工艺技术标准”，规定各项作业活动和各道工序的操作规程、作业规范要点、工作顺序、质量要求。上述内容应预先向操作者进行交底，并要求认真贯彻执行。对关键环节的质量、工序、材料和环境应进行验证。使施工工艺的质量控制符合标准化、规范化、制度化的要求。

（2）施工工序的质量控制

施工工序质量控制的最终目的是要使园林建设项目保质保量的顺利竣工，达到工程项目设计要求。

施工工序质量控制，它包括影响施工质量的5个因素（人、材料、机具、方法、环境），使工序质量的数据波动处于允许的范围内；通过工序检验等方式，准确判断施工工序质量是否符合规定的标准，以及是否处于稳定状态；在出现偏离标准的情况下，分析产生的原因，并及时采取措施，使之处于允许的范围内。

对直接影响质量的关键工序，对下道工序有较大影响的上道工序，对质量不稳定、容易出现不良情况的工序，对用户反馈和过去有过返工的不良工序设立工序质量控制（管理）点。设立工序质量控制点的主要作用是使工序按规定的质量要求操作并能正常运转，从而获得满足质量要求的最多产品和最大的经济效益。对工序质量控制点要确定合理的质量标准、技术标准和工艺标准，还要确定控制水平及控制方法。

对施工质量有重大影响的工序，对其操作人员、机具设备、材料、施工工艺、测试手段、环境条件等因素进行分析与验证，并进行必要的控制。同时做好验证记录，以便向建设单位证实工序处于受控状态。工序记录的主要内容为质量特性的实测记录和验证签证。

（3）人员素质的控制

定期对职工进行规程、规范、工序、工艺、标准、计量、检验等基础知识的培训和开展质量管理和质量意识教育。

（4）设计变更与技术复核的控制

加强对施工过程中提出的设计变更的控制。重大问题须经建设单位、设计单位、施工单位三方同意，由设计单位负责修改，并向施工单位签发设计变更通知书。对建设规模、投资方案等有较大影响的变更，须经原批准初步设计单位同意，方可进行修改。所有设计变更资料，均需有文字记录，并按要求归档。

对重要的或影响全局的技术工作，必须加强复核，避免发生重大差错，影响工程质量和使用。

6.3.4 竣工验收阶段的质量控制

（1）工序间的交工验收工作的质量控制

工程施工中往往上道工序的质量成果被下道工序所覆盖；分项或分部工程质量成果被后续的分项或分部工程所掩盖。因此，要对施工全过程的分项与分部施工的各工序进行质量控制。要求班组实行保证本工序、监督前工序、服务后工序的自检、互检、交接检和专业性的“中间”质量检查，保证不合格工序不转入下道工序。出现不合格工序时，做到“三不放过”，并采取必要的措施，防止再发生。

(2) 竣工交付使用阶段的质量控制

单位工程或单项工程竣工后，由施工项目的上级部门严格按照设计图纸、施工说明书及竣工验收标准，对工程的施工质量进行全面鉴定，评定等级，作为竣工交付的依据。工程进入交工验收阶段，应有计划、有步骤、有重点地进行收尾工程的清理工作，通过交工前的预验收，找出漏项项目和需要修补的工程，并及早安排施工。还应做好竣工工程产品保护，以提高工程的一次成优及减少竣工后返工整修。工程项目经自检、互检后，与建设单位、设计单位和上级有关部门进行正式的交工验收工作。

6.4 园林工程项目施工进度管理

6.4.1 施工进度控制概述

(1) 施工进度控制的概念

施工进度控制与成本控制和质量控制一样，是施工过程中的重点控制之一。它是保证施工工程按期完成，合理安排资源供应、节约工程成本的重要措施。

施工进度控制是指在既定的工期内，编制出最优的施工进度计划，在执行该计划的施工中，经常检查施工实际进度情况，并将其与计划进度相比较，若出现偏差，便分析产生的原因和对工期的影响程度，找出必要的调整措施，修改原计划，不断地如此循环，直至工程竣工验收。施工进度控制的总目标是确保施工工程的既定目标工期的实现，或者在保证施工质量和不因此而增加施工实际成本的条件下，适当缩短施工工期。

(2) 施工进度控制的方法和任务

① 施工进度控制的方法。施工进度控制的方法主要是规划、

控制和协调。规划是指确定施工总进度控制目标和分进度控制目标，并编制其进度计划。控制是指在施工实施的全过程中，进行施工实际进度与施工计划进度的比较，出现偏差及时采取措施调整。协调是指协调与施工进度有关的单位、部门和工作队组之间的进度关系。

② 施工进度控制的任务。施工进度控制的任务是编制施工总进度计划并控制其执行，按期完成整个施工的任务；编制单位工程施工进度计划并控制其执行，按期完成单位工程的施工任务；编制分部分项工程施工进度计划，并控制其执行，按期完成分部分项工程的施工任务；编制季度、月（旬）作业计划，并控制其执行，完成规定的目标等。

(3) 施工进度控制的内容

施工进度可分为事前进度控制、事中进度控制和事后进度控制，在施工进度控制的不同阶段，控制的内容也不一样。因此施工阶段进度控制的内容最复杂、最关键。下面简单叙述施工阶段的进度控制。

① 执行施工进度计划。首先应根据园林工程施工前编制的施工进度计划，编制出月（旬）作业计划和施工任务书。在施工过程中做好各种记录，为计划实施的检查、分析、调整提供原始材料。

② 跟踪检查施工进度情况。进度控制人员应深入现场，随时了解施工进度情况。

③ 施工进度情况资料的收集、整理。通过现场调查去收集反映进度情况的资料，并加以分析和处理，为后续的进度控制工作提供确切、全面的信息。

④ 实际进度与计划进度进行比较分析。经过比较分析，确定实际进度比计划进度是超前了还是落后了，并分析进度超前或落后的原因。

⑤ 确定是否需要进行进度调整。一般情况下，施工进度超前对进度控制是有利的，不需要调整，但是进度的提前如果对质量、安全有影响，对各种资源供应造成压力，这时有必要加以

调整。

对施工进度拖后且在允许的机动时间里的，可以不进行调整。但是对于施工进度拖后将直接影响工期的关键工作，必须做出相应的调整措施。

⑥ 制订进度调整措施。对决定需要调整的后续工作，从技术上、组织上和经济上等做出相应的调整措施。

⑦ 执行调整后的施工进度计划。按上述过程不断循环，从而达到对施工工程整体进度的控制。

6.4.2 影响施工进度控制的因素

由于园林工程的施工特点，尤其是较大和复杂的施工工程，工期较长，影响进度因素较多。编制计划和执行控制施工进度计划时必须充分认识和估计这些因素，才能克服其影响，使施工进度尽可能按计划进行。当出现偏差时，施工管理者应按预定的工程进度计划定期检查实施进度情况，考虑有关影响因素，分析产生的原因。进度出现偏差的主要影响因素有以下几点。

(1) 工期及相关计划的失误

计划失误是常见的现象。人们在计划期将持续时间安排得过于紧促，主要包括：

① 计划时忘记（遗漏）部分必需的功能或工作。

② 计划值（如计划工作量、持续时间）不足，相关的实际工作量增加。

③ 资源或能力不足，例如，计划时没考虑到资源的限制或缺陷，没有考虑如何完成工作。

④ 出现了计划中未能考虑到的风险或状况，未能使工程实施达到预定的效率。

⑤ 在现代工程中，上级（业主、投资者、企业主管）常常在一开始就提出很紧迫的工期要求。使承包商或其他设计人、供应商的工期太紧。而且许多业主为了缩短工期，常常压缩承包商的做标期、前期准备的时间。

(2) 边界条件的变化

① 工作量的变化。可能是由于设计的修改、设计的错误、业主新的要求、修改工程的目标及系统范围的扩展造成的。

② 外界（如政府、上层系统）对工程新的要求或限制，设计标准的提高可能造成施工工程资源的缺乏无法及时完成。

③ 环境条件的变化，如不利的施工条件，不仅造成对工程实施过程的干扰，而且有时直接要求调整原来已确定的计划。

④ 发生不可抗力事件，如地震、台风、动乱、战争状态等。

（3）管理过程中的失误

① 计划部门与实施者之间，总分包商之间，业主与承包商之间缺少沟通。

② 工程实施者缺少工期意识，例如，管理者拖延了图样的供应和批准，任务下达时缺少必要的工期说明和责任落实，拖延了工程活动。

③ 工程参加单位对各个活动（各专业工程和供应）之间的逻辑关系（活动链）没有清楚地了解，下达任务时也没有做详细的解释，同时对活动的必要的前提条件准备不足，各单位之间缺少协调和信息沟通，许多工作脱节，资源供应出现问题。

④ 由于其他方面未完成工程计划造成拖延。例如，设计单位拖延设计、运输不及时，上级机关拖延批准手续、质量检查拖延，业主不果断处理问题等。

⑤ 承包商没有集中力量施工，材料供应拖延，资金缺乏，工期控制不紧。这可能是由于承包商同期工程太多，力量不足造成的。

⑥ 业主没有集中资金的供应，拖欠工程款，或业主的材料、设备供应不及时。

（4）技术失误

施工单位采用技术措施不当，施工中发生技术事故；应用新技术、新材料、新结构缺乏经验，不能保证质量等都要影响施工进度。

（5）其他原因

由于采取其他调整措施造成工期的拖延，如设计变更、质量问题的返工、方案的修改等。

6.4.3 实际进度与计划进度的比较方法

园林工程施工进度比较分析与计划调整是施工进度控制的主要环节。其中施工进度比较是调整的基础。常用的比较方法有以下几种。

6.4.3.1 横道图比较法

用横道图编制施工进度计划，指导施工的实施已是人们常用的、很熟悉的方法。它简明形象和直观，编制方法简单，使用方便。

横道图记录比较法，是把在施工中检查实际进度收集的信息，经整理后直接用横道线并列标于原计划的横道线一起，进行直观比较的方法。采用横道图比较法，可以形象、直观地反映实际进度与计划进度的比较情况。

作图比较方法的步骤如下。

① 编制横道图进度计划。

② 在进度计划上标出检查日期。

③ 将检查收集的实际进度数据，按比例用涂黑的粗线标于计划进度线的下方。

④ 比较分析实际进度与计划进度。

a. 涂黑的粗线右端与检查日期相重合，表明实际进度与施工计划进度相一致。

b. 涂黑的粗线右端在检查日期的左侧，表明实际进度拖后。

c. 涂黑的粗线右端在检查日期的右侧，表明实际进度超前。

横道图记录比较法具有以下优点：记录比较方法简单，形象直观，容易掌握，应用方便，被广泛地采用于简单进度监测工作中。但是，由于它以横道图进度计划为基础，因此，带有其不可克服的局限性，如各工作之间的逻辑关系不明显，关键工作和关键线路无法确定，一旦某些工作进度产生偏差时，难以预测其对后续工作和整个工期的影响及确定调整方法。

6.4.3.2 S形曲线比较法

S形曲线比较法与横道图比较法不同，它不是在编制的横道图进度计划上进行实际进度与计划进度比较的。它是以横坐标表示进度时间，纵坐标表示累计完成任务量，而绘制出一条按计划时间累计完成任务量的S形曲线，将施工内容的各检查时间和实际完成的任务量与S形曲线进行实际进度与计划进度相比较的一种方法。

对整个施工全过程而言，一般是开始和结尾阶段，单位时间投入的资源量较少，中间阶段单位时间投入的资源量较多，与其相关，单位时间完成的任务量也呈现出同样的变化规律，如图6-1(a)所示。而随工程进展累计完成的任务量则应该呈S形变化，如图6-1(b) 所示。由于其形似英文字母“S”，S形曲线因此而得名。

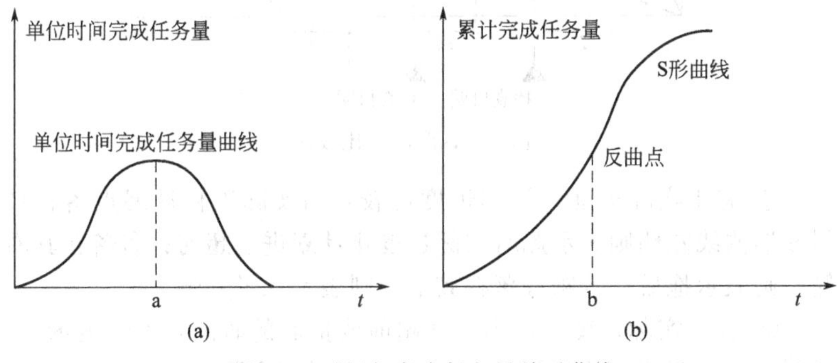

图6-1 时间与完成任务量关系曲线

(1) S形曲线绘制方法

S形曲线的绘制步骤如下。

① 确定单位时间计划完成任务量。

② 计算不同时间累计完成任务量。

③ 根据累计完成任务量绘制S形曲线。

(2) S形曲线比较法

S形曲线比较法，同横道图一样，是在图上直观地进行施工实际进度与计划进度相比较。一般情况下，计划进度控制人员在计划实施前绘制出S形曲线。在施工过程中，按规定时间将检查的实际完成情况，与计划S形曲线绘制在同一张图上，可得出实际进度S形曲线，如图6-2所示。通过比较两条S形曲线可以得到如下信息。

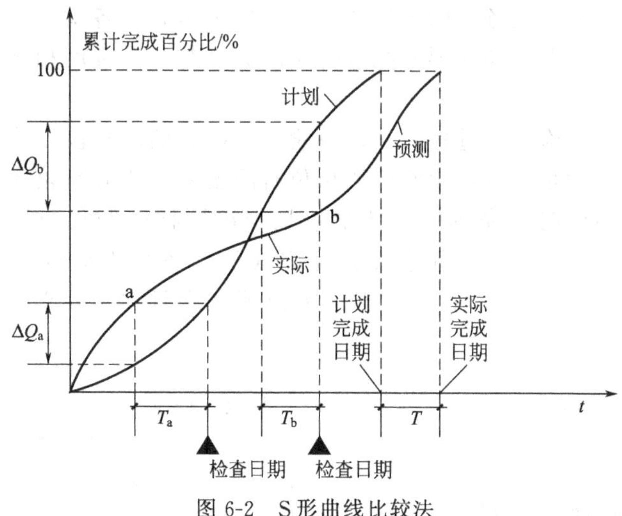

图6-2　S形曲线比较法

① 施工实际进度与计划进度比较：当实际工程进展点落在计划S形曲线左侧则表示此时实际进度比计划进度超前；若落在其右侧，则表示拖后；若刚好落在其上，则表示二者一致。

② 施工实际进度比计划进度超前或拖后的时间，ΔT_a表示T_a时刻实际进度超前的时间；ΔT_b表示T_b时刻实际进度拖后的时间。

③ 施工实际进度比计划进度超额或拖欠的任务量如图6-2所示，ΔQ_a表示T_a时刻超额完成的任务量；ΔQ_b表示T_b时刻拖欠的任务量。

④ 预测工程进度：后期工程按原计划速度进行，则后期工程计划S曲线如图6-2中虚线所示，从中可以确定工期拖延预测值为ΔT。

6.4.3.3 “香蕉”形曲线比较法

(1)“香蕉”形曲线的绘制

"香蕉"形曲线是两条S形曲线组合成的闭合曲线。从S形曲线比较法中得知，按某一时间开始的施工的进度计划，其计划实施过程中进行时间与累计完成任务量的关系都可以用一条S形曲线表示。对于一个施工的网络计划，在理论上总是分为最早和最迟两种开始与完成时间。因此，一般情况下，任何一个施工的网络计划，都可以绘制出两条曲线。其一是计划以各项工作的最早开始时间安排进度而绘制的S形曲线，称为ES曲线。其二是计划以各项工作的最迟开始时间安排进度而绘制的S形曲线，称为LS曲线。两条S形曲线都是从计划的开始时刻开始到完成时刻结束，因此两条曲线是闭合的。一般情况下，其余时刻ES曲线上的各点均落在LS曲线相应点的左侧，形成一个形如"香蕉"的曲线，故称为"香蕉"形曲线，如图6-3所示。

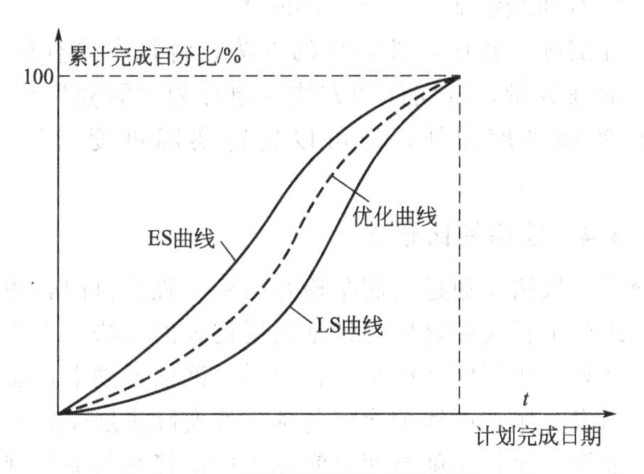

图6-3 "香蕉"形曲线比较法

在工程施工过程中进度控制的理想状况是任一时刻按实际进度描绘的点，应落在该"香蕉"形曲线的区域内。

(2)"香蕉"形曲线的作图方法

"香蕉"形曲线的作图方法与S形曲线的作图方法基本一致，所不同之处在于它是分别以工作的最早开始时间和最迟开始时间而绘制的两条S形曲线的结合，其具体步骤如下。

① 以施工工程的网络计划为基础，计算各项工作的最早开始

时间和最迟开始时间。

② 确定各项工作在不同时间计划完成任务量。

③ 计算施工工程总任务量，即对所有工作在单位时间内计划完成的任务量累加求和。

④ 分别根据各项工作按最早开始时间、最迟开始时间安排的进度计划，确定工程在各单位时间计划完成的任务量，即将各项工作在某一单位时间内计划完成的任务量求和。

⑤ 分别根据各项工作按最早开始时间、最迟开始时间安排的进度计划，确定不同时间累计完成的任务量或任务量的百分比。

⑥ 绘制“香蕉”形曲线。分别根据各项工作按最早开始时间、最迟开始时间安排的进度计划而确定不同时间累计完成的任务量或任务量的百分比描绘各点，并连接各点得 ES 曲线和 LS 曲线，由 ES 曲线和 LS 曲线组成“香蕉”形曲线。

在工程实施过程中，按同样的方法，将每次检查的各项工作实际完成的任务量，按同样的方法在原计划“香蕉”形曲线的平面内绘出实际进度曲线，便可以进行实际进度与计划进度的比较。

6.4.3.4 前锋线比较法

前锋线比较法是通过绘制某检查时刻工程项目内容的实际进度前锋线，进行工程实际进度与计划进度比较的方法，它主要适用于时标网络计划，所谓前锋线是指在原时标网络计划上，从检查时刻的时标点出发，用点画线依次将各项工作实际进展位置点连接而成的折线。前锋线比较法就是通过实际进度前锋线与原进度计划中各工作箭线交点的位置来判断工作实际进度与计划进度的偏差，进而判定该偏差对后续工作及总工期影响程度的一种方法。采用前锋线比较法进行实际进度与计划进度的比较，其步骤如下。

(1) 绘制时标网络计划图

工程内容实际进度前锋线是在时标网络计划上标示，为清楚可见，可在时标网络计划图的上方和下方各设一时间坐标。

(2) 绘制实际前锋进度线

一般从时标网络计划图上方时间坐标的检查日期开始绘制，依次连接相邻工作的实际进展位置点，最后与时标网络计划图下方坐标的检查日期相连接。

工作实际进展位置点的标定方法有以下两种方法。

① 按该工作已完成任务量比例进行标定。假设工程施工过程中各项工作均为匀速进展，根据实际进度检查时刻该工作已完成任务量占其计划完成量的比例，在工作箭线上从左至右按相同的比例标定其实际进展位置点。

② 按尚需作业时间进行标定。当某些工作的持续时间难以按实物工程量来计算而只能凭经验估算时，可以先估算出检查时刻到该工作全部完成尚需作业的时间，然后在该工作箭线上从右向左逆向标定其实际进展位置点。

(3) 进行实际进度与计划进度的比较

前锋线可以直观地反映出检查日期有关工作实际进度与计划进度之间的关系。对某项工作来说，其实际进度与计划进度之间的关系可能存在以下三种情况。

① 工作实际进展位置点落在检查日期的左侧，表明该工作实际进度落后，拖后的时间为二者之差。

② 工作实际进展位置点与检查日期重合，表明该工作实际进度与计划进度一致。

③ 工作实际进展位置点落在检查日期的右侧，表明该工作实际进度超前，超前的时间为二者之差。

(4) 预测进度偏差对后续工作及总工期的影响

通过实际进度与计划进度的比较确定进度偏差后，还可根据工作的自由时差和总时差预测该进度偏差对后续工作及总工期的影响。由此可见，前锋线比较法既适用于工作实际进度与计划进度之间的局部比较，又可用来分析和预测工程整体进度状况。

某园林工程时标网络计划如图 6-4 所示。该计划执行到第 6 周末，检查实际进度时，发现工作 A 和 B 已全部完成，工作 D 和 E 分别完成计划任务量的 20%和 50%。工作 C 尚需 3 周完成，试用前锋线法进行实际进度与计划进度的比较。

根据第 6 周末实际进度的检查结果绘制前锋线，如图 6-4 中点

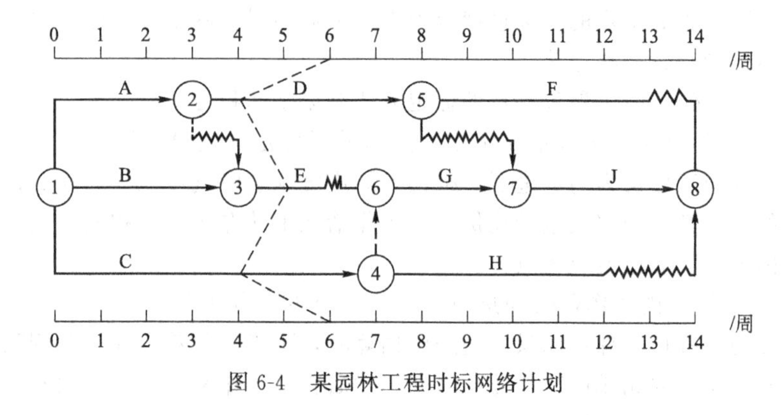

图 6-4 某园林工程时标网络计划

画线所示。通过比较可以看出：

① 工作 D 比实际进度拖后 2 周，将使其后续工作 F 的最早开始时间推迟 2 周，并使总工期延长 1 周。

② 工作 E 比实际进度拖后 1 周，既不影响总工期，也不影响其后续工作的正常运行。

③ 工作 C 比实际进度拖后 2 周，将使其后续工作 G、H、J 的最早开始时间推迟 2 周。由于工作 G、J 开始时间的延迟，从而使总工期延长 2 周。

综上所述，如果不采取措施加快进度，该园林工程项目的总工期将延长 2 周。

6.4.3.5 列表比较法

当工程进度计划用非时标网络图表示时，可以采用列表比较法进行实际进度与计划进度的比较。这种方法是记录检查日期应该进行的工作名称及其已经作业的时间，然后列表计算有关时间参数，并根据工作总时差进行实际进度与计划进度比较的方法。

采用列表比较法进行实际进度与计划进度的比较，其步骤如下。

① 对于实际进度检查日期应该进行的工作，根据已经作业的时间，确定其尚需作业时间。

② 根据原进度计划计算检查日期应该进行的工作，从检查日

期到原计划最迟完成时间的尚余时间。

③ 计算工作尚有总时差，其值等于工作从检查日期到原计划最迟完成时间的尚余时间与该工作尚需作业时间之差。

④ 比较实际进度与计划进度，可能有以下几种情况。

a. 如果工作尚有总时差与原有总时差相等，说明该工作实际进度与计划进度一致。

b. 如果工作尚有总时差大于原有总时差，说明该工作实际进度超前，超前的时间为二者之差。

c. 如果工作尚有总时差小于原有总时差，且仍为非负值，说明该工作实际进度拖后，拖后的时间为二者之差，但不影响总工期。

d. 如果工作尚有总时差小于原有总时差，且为负值，说明该工作实际进度拖后，拖后的时间为二者之差，此时工作实际进度偏差将影响总工期。

6.4.4 施工进度计划的调整

(1) 分析进度偏差的影响

通过前述的进度比较方法，当判断出现进度偏差时，应当分析该偏差对后续工作和对总工期的影响。

① 分析进度偏差的工作是否为关键工作。若出现偏差的工作为关键工作，则无论偏差大小，都对后续工作及总工期产生影响，必须采取相应的调整措施，若出现偏差的工作不为关键工作，需要根据偏差值与总时差和自由时差的大小关系，确定对后续工作和总工期的影响程度。

② 分析进度偏差是否大于总时差。若工作的进度偏差大于该工作的总时差，说明此偏差必将影响后续工作和总工期，必须采取相应的调整措施，若工作的进度偏差小于或等于该工作的总时差，说明此偏差对总工期无影响，但它对后续工作的影响程度，需要根据比较偏差与自由时差的情况来确定。

③ 分析进度偏差是否大于自由时差。若工作的进度偏差大于该工作的自由时差，说明此偏差对后续工作产生影响，应该如何调

整，应根据后续工作允许影响的程度而定；若工作的进度偏差小于或等于该工作的自由时差，则说明此偏差对后续工作无影响，因此，原进度计划可以不做调整。

施工进度偏差的分析判断过程如图 6-5 所示。经过如此分析，进度控制人员可以确认应该调整产生进度偏差的工作和调整偏差值的大小，以便确定采取调整措施，获得符合实际进度情况和计划目标的新进度计划。

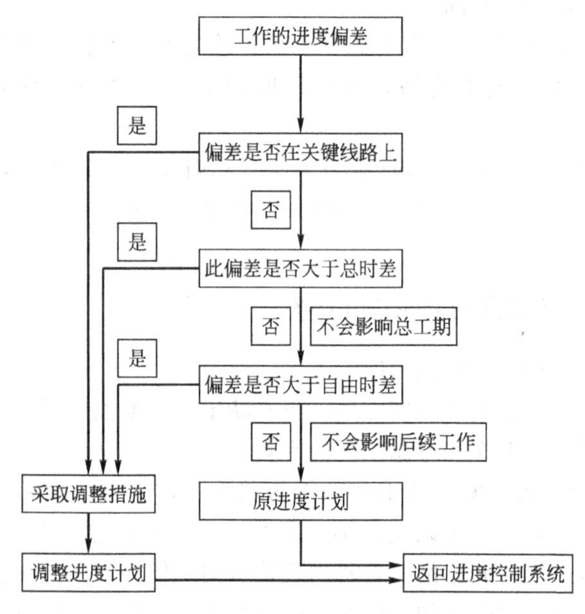

图 6-5 施工进度偏差的分析判断过程

（2）施工进度计划的调整方法

在对实施的进度计划分析的基础上，应确定调整原计划的方法，一般主要有以下两种。

① 改变某些工作间的逻辑关系。若检查的实际施工进度产生的偏差影响了总工期，在工作之间的逻辑关系允许改变的条件下，改变关键线路和超过计划工期的非关键线路上的有关工作之间的逻辑关系，达到缩短工期的目的。用这种方法调整的效果是很显著

的，例如，可以把依次进行的有关工作改变成平行、互相搭接，或分成几个施工段进行流水施工等，都可以达到缩短工期的目的。

② 缩短某些工作的持续时间。这种方法是不改变工作之间的逻辑关系，而是缩短某些工作的持续时间，而使施工进度加快，并保证实现计划工期的方法。这些被压缩持续时间的工作是位于由于实际施工进度的拖延而引起总工期增长的关键线路和某些非关键线路上的工作。同时，这些工作又是可压缩持续时间的工作。这种方法实际上就是网络计划优化中的工期优化方法和工期与成本优化的方法，此不赘述。

6.4.5 施工进度控制采取的主要措施

施工进度控制采取的主要措施有经济措施、技术措施、合同措施、组织措施和信息管理措施等。

施工进度控制与在计划阶段压缩工期一样，解决进度拖延有许多方法，但每种方法都有它的适用条件、限制，必然会带来一些负面影响。人们以往的讨论，以及在实际工作中，都将重点集中在时间问题上，这是不对的。许多措施常常没有效果，或引起其他更严重的问题，最典型的是增加成本开支、现场的混乱和引起质量问题。所以应该将它作为一个新的计划过程来处理。

(1) 经济措施

经济措施是指实现进度计划的资金保证措施。增加资源投入，这是最常用的办法。如增加劳动力、材料、周转材料和设备的投入量。但是，它会带来如下问题。

① 造成费用的增加，如增加人员的调遣费用、周转材料一次性费用、设备的进出场费用。

② 由于增加资源造成资源使用效率的降低。

③ 加剧资源供应的困难，如果部分资源没有增加的可能性，则加剧分项工程之间或工序之间对资源激烈的竞争。

(2) 技术措施

技术措施主要是采取加快施工进度的技术方法。

① 改善工具器具以提高劳动效率。

② 提高劳动生产率，主要通过辅助措施和合理的工作过程。这里要注意如下问题。

a. 加强培训，当然这又会增加费用，需要时间，通常培训应尽可能提前。

b. 注意工人级别与工人技能的协调。

c. 工作中的激励机制，如奖金、小组精神发扬、个人负责制、目标明确。

d. 改善工作环境及工程的公用设施（需要花费）。

e. 施工小组时间上和空间上合理的组合和搭接。

f. 避免施工组织中的矛盾，多沟通。

③ 改变网络计划中工程活动的逻辑关系，如将前后顺序工作改为平行工作，或采用流水施工的方法。这可能产生如下问题。

a. 工程活动逻辑上的矛盾性。

b. 资源的限制，平行施工要增加资源的投入强度，尽管投入总量不变。

c. 工作面限制及由此产生的现场混乱和低效率问题。

④ 将一些工作合并，特别是在关键线路上按先后顺序实施的工作合并，与实施者一齐研究，通过局部地调整实施过程和人力、物力的分配，达到缩短工期。通常，A_1、A_2两项工作如果由两个单位分包按次序施工（图 6-6），则它的持续时间较长。而如果将它们合并为 A，由一个单位来完成，则持续时间就会大大缩短。这是由于：两个单位分别负责，则它们都经过前期准备低效率，正常施工，后期低效率过程，则总的平均效率很低。

a. 由于由两个单位分别负责，中间有一个对 A_1 工作的检查、打扫和场地交接和对 A_2 准备的过程，会使工期延长，这由分包合同或工作任务单所决定的。

b. 如果合并由一个单位完成，则平均效率会较高，而且许多工作能够穿插进行。

c. 实践证明，采用“设计—施工”总承包，或工程管理总承包，比分阶段、分专业平行承包工期会大大缩短。

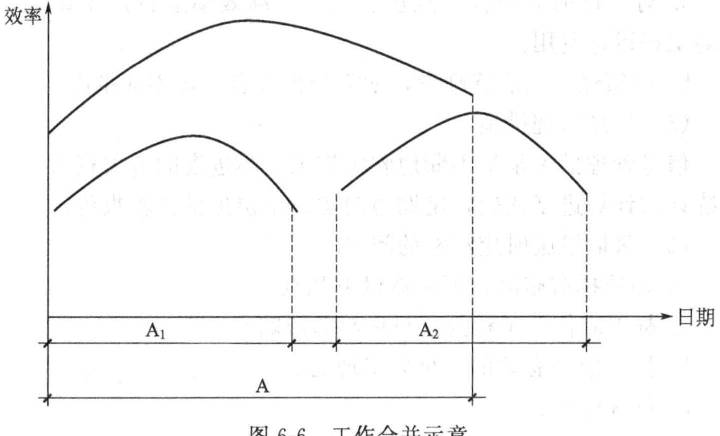

图 6-6　工作合并示意

⑤ 修改实施方案，例如将现浇混凝土改为场外预制，现场安装，这样可以提高施工速度。例如，在某一国际工程中，原施工方案为现浇混凝土，工期较长。进一步调查发现该国技术木工缺乏，劳动力的素质和可培训性较差，无法保证原工期，后来采用预制装配施工方案，则大大缩短了工期。当然这一方面必须有可用的资源，另一方面又考虑会造成成本的超支。

(3) 合同措施

合同措施是指对分包单位签订施工合同的合同工期与有关进度计划目标相协调。

(4) 组织措施

组织措施主要是指落实各层次的进度控制的人员、具体任务和工作责任；建立进度控制的组织系统；按施工工程的结构、进展的阶段或合同结构等进行工程分解，确定其进度目标，建立控制目标体系；确定进度控制工作制度，如检查时间、方法、协调会议时间、参加人等；对影响进度的因素分析和预测。

① 重新分配资源，例如，将服务部门的人员投入到生产中去，投入风险准备资源，采用加班或多班制工作。

② 减少工作范围，包括减少工作量或删去一些工作包（或分项工程）。但这可能产生如下影响。

a. 对工程的完整性，经济、安全、高效率运行产生影响，或提高工程运行费用。

b. 必须经过上层管理者，如需经投资者、业主的批准。

（5）信息管理措施

信息管理措施是指不断地收集施工实际进度的有关资料进行整理统计与计划进度比较，定期地向建设单位提供比较报告。

（6）采取措施时应注意的问题

① 在选择措施时，要考虑以下几点。

a. 赶工应符合工程的总目标与总战略。

b. 措施应是有效的、可以实现的。

c. 花费比较少。

d. 对工程的实施、承包商及供应商的影响面较小。

② 在制订后续工作计划时，这些措施应与工程的其他过程协调。

③ 在实际工作中，人们常常采用了许多事先认为有效的措施，但实际效力却很小，常常达不到预期的缩短工期的效果。

a. 这些计划是无正常计划期状态下的计划，常常是不周全的。

b. 缺少协调，没有将加速的要求、措施、新的计划、可能引起的问题通知相关各方。如其他分包商、供应商、运输单位、设计单位。

c. 人们对以前所造成拖延的问题的影响认识不清。例如，由于外界干扰，到目前为止已造成两周的拖延，实质上，这些影响是有惯性的，还会继续扩大。所以即使现在采取措施，在一段时间内，其效果是很小的，拖延仍会继续扩大。

6.5 园林工程项目施工成本管理

6.5.1 园林工程施工成本概述

（1）园林工程施工成本的含义

园林工程施工成本是指园林工程在施工现场所发生的全部费

用的总和，其中包括所消耗的主辅材料、构配件及周转材料的摊销费（或租赁费）、施工机械的台班费（或租赁费）、支付给生产工人的工资、奖金以及施工项目经理部为组织和管理工程施工所发生的全部费用。施工成本不包括劳动者为社会所创造的价值（如税金和计划利润），也不包括不构成施工项目价值的一切非生产性支出。

（2）园林工程施工成本的主要形式

园林工程施工成本的主要形式见表6-1。

表6-1　园林工程施工成本的主要形式

划分依据	成本形式	内　容
按时间划分	预算成本	根据施工图由统一标准的工程量计算出来的成本费用，是确定工程造价的基础，也是编制计划成本和评价实际成本的依据
	计划成本	项目经理部在实际成本发生前预先计算的成本。对于加强经济核算，建立健全成本管理责任制，控制施工生产费用，降低施工成本具有重要作用
	实际成本	项目在施工期间实际发生的各项生产费用的总和，受施工企业本身的生产技术、施工条件及生产经营管理水平的制约
按关系划分	固定成本	指在一定期间和一定的工程量范围内，其发生的成本额不受工程量增减变动的影响而相对固定的成本，是为了保持施工企业一定的生产经营条件而发生的。如折旧费、设备大修费、管理人员工资、办公费、照明费等
	变动成本	是指发生总额随着工程量的增减变动而成正比例变动的费用，如直接用于工程的材料费、实行计划工资制的人工费等

（3）园林工程施工成本的构成

① 直接成本。直接成本指施工过程中直接消耗费并构成工程实体或有助于工程形成的各项支出。园林工程施工的直接成本构成，见表6-2。

表 6-2　园林工程施工的直接成本构成

项目			内容
直接工程费	人工费		指直接从事工程施工的生产工人开支的各项费用，包括直接从事工程项目施工操作的工人和在施工现场进行构件制作的工人，以及现场运料、配料等辅助工人的基本工资、浮动工资、工资性津贴、辅助工资、工资附加费、劳保费和奖金等
	材料费		指在施工过程中耗用并构成工程项目实体的各种主要材料、外购结构构件和有助于工程项目实体形成的其他材料费用，以及周转材料的摊销（租赁）费用，包括材料原价（或供应价）、供销部门手续费、包装费、材料自来源地运至工地仓库或指定堆放地点的装卸费、运输费、途耗费、采购及保管费
	机械费		指使用自有施工机械作业所发生的机械使用费和租用外单位的施工机械租赁费，以及机械安装、拆卸和进出场费用，包括折旧费、大修费、维修费、安拆费及场外运输费、燃料动力费、人工费以及运输机械养路费、车船使用税和保险费等
措施费	技术措施费	大型机械设备进出场及安拆费	指大型机械整体或分体自停放场地运至施工现场或由一个施工地点运至另一个施工地点所发生的机械进出场运输转移费用，及机械在施工现场进行安装、拆卸所需的人工费、材料费、机械费、试运转费和安装所需的辅助设施的费用
		混凝土、钢筋混凝土模板及支架费	指混凝土施工过程中需要的各种钢模板、木模板、支架等的支、拆、运输费用及模板、支架的摊销（或租赁）费用
		脚手架费	指施工需要的各种脚手架搭、拆、运输费用及脚手架的摊销（或租赁）费用
		施工排水、降水费	指为确保工程在正常条件下施工，采取各种排水、降水措施所发生的各种费用
		其他施工技术措施费	指根据专业、地区及工程特点补充的技术措施费用
	组织措施费	环境保护费	指施工现场为达到环保部门要求所需要的各项费用
		文明施工费	指施工现场文明施工所需要的各项费用，包括施工现场的标牌设置、地面硬化、围护设施、安全保卫、场貌和场容整洁等发生的费用
		安全施工费	指施工现场安全施工所需要的各项费用，包括安全防护用具和服装、安全警示、消防设施和灭火器材，安全教育培训，安全检查及编制安全措施方案等发生的费用

续表

项目			内容
措施费	组织措施费	临时设施费	指施工企业搭设的生活和生产用的临时建筑物、构筑物和其他临时设施等发生的费用，包括临时宿舍、文化福利及公用事业房屋与构筑物、仓库、办公室、加工厂（场）以及在规定范围内道路、水、电、管路等临时设施和小型临时设施。临时设施费用包括临时设施的搭设、维修、拆除费或摊销费
		夜间施工增加费	指因夜间施工所发生的夜班补助费、夜间施工降噪、照明设备摊销及照明用电等费用
		缩短工期增加费	指因缩短工期要求发生的施工增加费，包括夜间施工增加费、周转材料加大投入量所增加的费用等
		二次搬运费	指因施工场地狭小等特殊情况而发生的二次搬运费用
		已完工程及设备保护费	指竣工验收前对已完工程及设备进行保护所需的费用
		其他施工组织措施费	指根据各专业、地区及工程特点补充的施工组织措施费用

② 间接成本。间接成本指企业的各项目经理部为施工准备、组织和管理施工生产所发生的全部施工间接支出费用。园林工程施工的直接成本构成，见表 6-3。

表 6-3 园林工程施工的间接成本构成

项目			内容
规费	工程排污费		指施工现场按规定缴纳的工程排污费
	工程定额测定费		指按规定支付工程造价管理机构的技术经济标准的制定和定额测定费
	社会保障费	养老保险费	指企业按国家规定标准为职工缴纳的基本养老保险费
		失业保险费	指企业按国家规定标准为职工缴纳的失业保险费
		医疗保险费	指企业按国家规定标准为职工缴纳的基本医疗保险费
	住房公积金		指企业按国家规定标准为职工缴纳的住房公积金

续表

项目		内容
企业管理费	危险作业意外伤害保险费	指按照《中华人民共和国建筑法》规定，企业为从事危险作业的建筑安装施工人员支付的意外伤害保险费
	管理人员工资	管理人员的基本工资、工资性补贴、职工福利、劳动保护费等
	办公费	指企业管理办公用的文具、纸张、账表、印刷、邮电、书报、会议、水电、烧水和集体取暖（包括现场临时宿舍取暖）用煤等费用
	差旅交通费	指职工因公出差、调动工作的差旅费、住勤补助费，市内交通费和误餐补助费，职工探亲路费，劳动力招募费，职工离退休、退职一次性路费，工伤人员就医路费，工地转移费以及管理部门使用交通工具的油料、燃料、养路费及牌照费等
	固定资产使用费	指管理和实验部门及附属生产单位使用的属于固定资产的房屋、设备仪器等的折旧、大修、维修或租赁费
	工具、用具使用费	指管理使用的不属于固定资产的生产工具、器具、家具、交通工具和检验、实验、测绘、消防用具等的购置、维修和摊销费
	职工教育经费	指企业为职工学习先进技术和提高文化水平，按职工工资总额计提的费用
	财产保险费	指施工管理用财产、车辆保险等费用
	财务费	指企业为筹集资金而发生的各种费用
	劳动保险费	指由企业支付离退休职工的异地安家补助费、职工退职金、六个月以上的长病假人员工资、职工死亡丧葬补助费、抚恤费、按规定支付给离退休干部的各项经费
	工会经费	指企业按职工工资总额计提的工会经费
	税金	指企业按规定缴纳的房产税、车船使用税、土地使用税、印花税等
	其他	包括技术转让费、技术开发费、业务招待费、绿化费、广告费、公证费、法律顾问费、审计费、咨询费等

6.5.2 园林工程施工成本控制

（1）园林工程施工成本控制的内容，见表6-4。

表6-4 园林工程施工成本控制的内容

阶段	内容	
计划准备（事先控制）	实行目标管理	根据目前园林施工企业平均水平，制定成本费用支出的标准，建立健全施工中物资使用制度、内部核算制度和原始记录、资料等，使施工中成本控制活动有标准可依，有章程可循
	落实责任制	根据现场单元的大小或工序的差异，规定各生产环节和职工个人单位工程量的成本支出限额标准，最后将这些标准落实到施工现场的各个部门和个人，建立岗位责任制
施工执行（过程或事中控制）	执行计划	按照计划准备阶段的成本、费用的消耗定额，对所有物资的计量、收发、领退和盘点进行逐项审核，各项计划外用工及费用支出应坚决落实审批手续，杜绝不合理开支
	定期分析	定期把实际成本形成时所产生的偏差项目划分出来，按施工段、施工工序或作业部门进行归类汇总，提出产生偏差的原因，制定有效的限制措施，为下一阶段施工提供参考
检查总结（事后控制）	成本分析	这种分析方法与过程控制中的定期分析相同
	总结提高	进行全面核算，分析工程施工成本节约或超支的原因，明确部门或个人的责任，落实改进措施，形成成本控制档案，为后续工程提供服务

（2）园林工程施工成本控制的主要项目，见表6-5。

表6-5 园林工程施工成本控制的主要项目

项目	内容
人工费	改善劳动组织，减少窝工浪费，实行合理的奖惩制度，加强技术教育和培训工作，加强劳动纪律，压缩非生产用工和辅助用工，严格控制非生产人员比例
材料费	改进材料的采购、运输、收发、保管等方面的工作，减少各个环节的损耗，节约采购费用，合理堆置现场材料，避免和减少二次搬运，严格材料进场验收和限额领料制度，制定并贯彻节约材料的技术措施，合理使用材料，综合利用一切资源

续表

项目	内　　容
机械费	正确选配和合理利用机械设备，搞好机械设备的保养维修，提高机械的完好率、利用率和使用效率
间接费及其他直接费	精减管理机构，合理确定管理幅度与管理层次，节约施工管理费

6.6 园林工程项目施工资料管理

6.6.1 园林工程施工资料的主要内容

(1) 工程项目开工报告

工程项目开工报告，见表6-6所示。

表6-6　工程开工报告

施工单位：　　　　　　　　　　报告日期：

工程编号		开工日期	
工程名称		结构类型	
业主		建筑面积	
建设单位		建筑造价	
设计单位		业主联系人	
监理单位		总监理工程师	
项目经理		制表人	
说明			
施工单位意见： 签名(盖章) 年　月　日	监理单位意见： 签名(盖章) 年　月　日	业主意见： 签名(盖章) 年　月　日	

注：本表一式四份，施工单位、监理单位、业主盖章后各一份，开工3天内报主管部门一份。

（2）中标通知书和园林工程承包合同。

（3）工程项目竣工报告和工程开工/复工报审表

工程项目竣工报告和工程开工/复工报审表，见表 6-7、表 6-8 所示。

表 6-7　工程竣工报告

工程名称		绿化面积		地点	
业主		结构类型		造价	
施工员		计划日期		实际工期	
开工日期		竣工日期			
技术资料齐全情况					
竣工标准达到情况					
甩项项目和原因					
本工程已于　　年　月　日全部竣工,请于　　年　月　日在现场派人验收。 技术负责人: 项目经理: 年　月　日		监理审核意见: 签名(盖章) 年　月　日		业主审批意见: 签名(盖章) 年　月　日	

表 6-8　工程开工/复工报审表

工程名称:　　　　　　　　　　　　编号

致:

我方承担的________________工程,已完成以下各项工程,具备了开工/复工条件,特此申请施工,请核查并签发开工/复工指令。

附:1. 开工报告

2.(证明文件)

承包单位(章)

项目经理

日　　期

续表

<table>
<tr><td>审查意见：

项目监理机构
总监理工程师
日　　期</td></tr>
</table>

（4）园林工程联系单

园林工程联系单，见表6-9所示。

表6-9　××××园林工程公司工程联系单

编号　绿字 第　　号　　　　　　　　　　联系日期：

<table>
<tr><td>工程名称</td><td colspan="3"></td></tr>
<tr><td>业主单位</td><td colspan="3"></td></tr>
<tr><td>抄送单位</td><td colspan="3"></td></tr>
<tr><td rowspan="2">联系内容</td><td colspan="3"></td></tr>
<tr><td>提出者：</td><td>主管：</td><td>（盖章）</td></tr>
<tr><td>业主单位</td><td></td><td>签字：</td><td>（盖章）</td></tr>
<tr><td>监理单位</td><td></td><td>签字：</td><td>（盖章）</td></tr>
</table>

（5）设计图样交底会议纪要

设计图样交底会议纪要，见表6-10。

表6-10　设计图样交底会议纪要

建设单位：　　　　　　　设计单位：

施工单位：　　　　　　　工程名称：　　　　　　　交底日期：

出席单位	出席会议人员名单
建设单位	
设计单位	
施工单位	
监理单位	

注：交底内容在纪要后附报告纸。

(6) 园林工程变更单

园林工程变更单，见表6-11。

表6-11 园林工程变更单

工程名称： 编号：

致：__________（监理单位）

由于____________________

__________原因，兹提出工程变更（内容见附件），请予以审批。

附件

提出单位：__________

代 表 人：__________

日 期：__________

一致意见：

建设单位代表	设计单位代表	项目监理机构
签字：	签字：	签字：
日期：	日期：	日期：

(7) 技术变更核定单

技术变更核定单，见表6-12。

表6-12 技术变更核定单

第 页 共 页 编号：

建设单位		设计单位	
工程名称		分项部位	
施工单位		工程编号	

项次	核定内容

主动或抄送单位	会 签	签发

(8) 工程质量事故发生后调查和处理资料

工程质量事故发生后调查和处理资料，见表6-13、表6-14。

表6-13 工程质量一般事故报告表

工程名称： 填报单位： 填报日期：

<table>
<tr><td colspan="2">分部分项工程名称</td><td colspan="2"></td><td>事故性质</td><td></td></tr>
<tr><td colspan="2">部位</td><td colspan="2"></td><td>发生日期</td><td></td></tr>
<tr><td>事故情况</td><td colspan="5"></td></tr>
<tr><td>事故原因</td><td colspan="5"></td></tr>
<tr><td>事故处理</td><td colspan="5"></td></tr>
<tr><td rowspan="5">返工损失</td><td colspan="2">事故工程量</td><td colspan="3"></td></tr>
<tr><td rowspan="3">事故费用</td><td>材料费/元</td><td></td><td rowspan="3">合计</td><td rowspan="3">元</td></tr>
<tr><td>人工费/元</td><td></td></tr>
<tr><td>其他费用/元</td><td></td></tr>
<tr><td colspan="5">耽误工作日</td></tr>
<tr><td>备注</td><td colspan="5"></td></tr>
</table>

质监负责人： 制表人：

表6-14 重大工程质量事故报告表

填报单位：(盖章)

<table>
<tr><td>工程名称</td><td></td><td>设计单位</td><td></td></tr>
<tr><td>建设单位</td><td></td><td>施工单位</td><td></td></tr>
<tr><td>工程地点</td><td></td><td>事故发生时间</td><td></td></tr>
<tr><td>损失金额/元</td><td></td><td>人员伤亡</td><td></td></tr>
<tr><td rowspan="2">工程概况、事故情况及主要原因</td><td colspan="3"></td></tr>
<tr><td colspan="3"></td></tr>
<tr><td>备注</td><td colspan="3"></td></tr>
</table>

填表人： 报出日期： 年 月 日

(9) 水准点位置、定位测量记录、沉降及位移观测记录

水准点位置、定位测量记录、沉降及位移观测记录，见表6-15。

表 6-15 测量复核记录

工程名称		施工单位	
复核单位		日期	
原施测人签字		复核测量人签字	
测量复核情况(草图)			
备注			

(10) 材料、设备、构件的质量合格证明资料

材料、设备、构件的质量合格证明资料，见表6-16。

表 6-16 进场设备报验表

工程名称		表号	监 A-02
施工合同编号		编号	

致________________(监理单位)

下列施工设备已按合同规定进场，请查验签证，准予使用。

设备名称	规格型号	数量	生产单位	进场日期	技术状况	拟用何处	备注

项目经理　　日期　　承包商(盖章)

监理单位审定意见：

监理工程师　　日期

监理单位(盖章)

注：本表由承包商呈报三份，查验后监理方、业主、承包商各持一份。

这些证明材料必须如实地反映实际情况，不得擅自修改、伪造和事后补作。对有些重要材料，应附有关资质证明材料、质量及性能资料的复印件。

(11) 试验、检验报告

各种材料的试验、检验资料（表 6-17），必须根据规范要求制作试件或取样，进行规定数量的试验，若施工单位对某种材料的检验缺乏相应的设备，可送具有权威性、法定性的有关机构检验。植物材料必须要附有当地植物检疫部门开出的植物检疫证书（表 6-18～表 6-20）。试验检验的结论只有符合设计要求后才能用于工程施工。

表 6-17 工程材料报验表

工程名称		表号	监 A-06
施工合同编号		编号	

致____________________(监理单位)

下列建筑材料经自检试验，符合技术规范及设计要求，报请验证，并准予进场使用。

附件：1. 材料清单(材料名称、地产、厂家、用途、规格、准用证号、数量)

2. 材料出厂合格证

3. 材料复试报告

4. 准用证

项目经理　　日期　　承包商(盖章)

监理单位审定意见：

监理工程师　　日期

监理单位(盖章)

注：本表由承包商呈报三份，审批后监理方、业主、承包商各执一份。

表 6-18 植物检疫证书（省内）

林（　　）检字

产地			
运输工具		包装	
运输起讫	自　　　　至		
发货单位(人)及地址			
收货单位(人)及地址			
有效期限	自　年　月　日至　年　月　日		
植物名称	品名(材种)	单位	数量
合计			

签发意见：上列植物或植物产品，经（　　）检疫未发现森林植物检疫对象及本省（区、市）补充检疫对象，同意调运。

签发机关（森林植物检疫专用章）

检疫员

签证日期　　年　　月　　日

注：1. 本证无调出地森林植物检疫专用章和检疫员签字（盖章）无效。

2. 本证转让、涂改和重复使用无效。

3. 一车（船）一证，全程有效。

表 6-19 植物检疫证书（出省）

林（ ）检字

产地				
运输工具			包装	
运输起讫	自		至	
发货单位(人)及地址				
收货单位(人)及地址				
有效期限	自 年 月 日至 年 月 日			
植物名称	品名(材种)	单位	数量	
合计				

签发意见:上列植物或植物产品,经( )检疫未发现森林植物检疫对象、本省(区、市)及调入省(区、市)补充检疫对象、调入省(区、市)要求检疫的其他植物病虫,同意调运。

委托机关(森林植物检疫专用章)

签发机关(森林植物检疫专用章)

检疫员

签证日期 年 月 日

注：1. 本证无调出地省级森林植物检疫专用章（受托办理本证的须再加盖承办签发机关的森林植物检疫专用章）和检疫员签字（盖章）无效。

2. 本证转让、涂改和重复使用无效。

3. 一车（船）一证，全程有效。

表 6-20　植物材料进场报验单

工程名称：　　　　　　　　　　　　　　　　　　　　　合同号：

致：

下列园林工程植物材料，经自查符合设计，植物检疫及苗木出圃要求，报请验证进场。

施工单位：　　　　　　　　　　　　　　　　　　　　　日期：

植物名称	植物产地	规格	数量/株	植物检疫证	进场日期

监理意见：

日期：

(12) 隐蔽工程检查、验收记录及施工日记

隐蔽工程检查、验收记录及施工日记，见表 6-21～表 6-23。

表 6-21　隐蔽工程检查记录

年　　月　　日　　　　　　　　　　　　　　　　　　　编号

工程名称		施工单位		
隐检项目		隐检部位		
隐检内容				
检查情况				
处理意见				
签字	施工单位	监理单位	建设单位	设计单位

注：本表一式四份：建设单位、监理单位、设计单位、施工单位各一份。

表 6-22　隐蔽工程验收记录

编号：　　　　　　　　　　　　　　　　　　　　　　　　年　　月　　日

单位工程名称	建设单位	施工单位

隐蔽工程内容	分部分项工程名称	单位	数量	图样编号

验收意见		
	施工负责人	
	专职质量员	

建设单位		监理单位		施工单位	施工负责人	
					质量员	
					验收日期	

表 6-23　施工日记

年　月　日　　最高　　　上午（晴、多云、阴、小雨、大雨、雪）

　　　　　　气温　　　气候

星期　　　　最低　　　下午（晴、多云、阴、小雨、大雨、雪）

工种						
人数						

专业	施工情况	记录人

存在问题(包括工程进度与质量)：

记录人：________

处理问题：

记录人：________

其他(包括安全与停工等情况)

记录人：________

项目经理：________

（13）竣工图。

（14）质量检验评定资料

质量检验评定资料，见表6-24～表6-26。

表6-24　园林单位工程质量综合评定表

工程名称：　　　施工单位：　　　开工日期　　　年　月　日

工程面积：　　　绿化类型：　　　竣工日期　　　年　月　日

项次	项目	评定情况	核定情况
1	分部工程评定汇总	共：　　　分部 其中：优良　　　分部 优良率：　　　% 土方造型分部质量等级 绿化种植分部质量等级 建筑小品分部质量等级 其他分部质量等级	
2	质量保证资料	共核查　　　项 其中：符合要求　　　项 经鉴定符合要求　　　项	
3	观感评定	应得　　　分 实得　　　分 得分率　　　%	
企业评级等级： 企业经理： 企业负责人： 公章 年　月　日		园林绿化工程质量监督站 部门负责人 业主或主管 站长或主管 部门负责人 公章 年　月　日	

制表人：　　　　　年　月　日

表 6-25　栽植土分项工程质量检验评定表

工程名称：　　　　　　　　　　　　　　　　编号

	项　目	质量情况
保证项目	栽植土壤及下水位深度，必须符合栽植植物的生长要求；严禁在栽植土层下有不透水层	

基本项目		项目	质量情况 1	2	3	4	5	6	7	8	9	10	等级
	1	土地平整											
	2	石砾、瓦砾等杂物含量											

允许偏差项目		项目		cm	实测值/cm 1	2	3	4	5	6	7	8	9	10
	1	栽植土深度和地下水位深度	大、中乔木	>100										
			小乔木和大、中灌木	>80										
			小灌木、宿根花卉	>60										
			草木地被、草坪、一二年生草花	>40										
	2	栽植土块块径	大、中乔木	<8										
			小乔木和大、中灌木	<6										
			小灌木、宿根花卉	<4										
	3	石砾、瓦砾等杂物块径	树木	<5										
			草坪、地被(草本、木本)花卉	<1										
	4	地形标准	全高 <1m	±5										
			全高 1～3m	±20										
			全高 >3m	±20										

检查结果		
	保证项目	合格
	基本项目	检查　　项，其中优良　　项，优良率　　%
	允许偏差项目	实测　　点，其中合格　　点，合格率　　%

评定等级		
	项目经理： 工长： 班组长： 承包商(公章)： 年　月　日	监理单位核定意见： 签名公章： 年　月　日

表 6-26 植物材料分项工程质量检验评定表

工程名称： 编号

	项目	质量情况
保证项目	栽植土壤及地下水位深度，必须符合栽植植物的生长要求；严禁在栽植土层下有不透水层	

			项目	质量情况										等级
				1	2	3	4	5	6	7	8	9	10	
基本项目	1	树木	姿态和生长势											
			病虫害											
			土球和裸根树根系											
	2	草块和草根茎												
	3	花苗、草木地被												

			项目		允许偏差/cm	实测值/cm									
						1	2	3	4	5	6	7	8	9	10
允许偏差项目	1	乔木	胸径	<10cm	−1										
				10～20cm	−2										
				>20cm	−3										
			高度		+50，−20										
			蓬径		−20										
	2	灌木	高度		+50，−20										
			蓬径		−10										
			地径		−1										
	3	球类	蓬径和高度	<100cm	−10										
				100～200cm	−20										
				>200cm	−30										
	4	土球、裸根树根木	直径		+0.2										
			深度		+0.2D										

检查结果	保证项目	
	基本项目	检查 项，其中优良 项，优良率 %
	允许偏差项目	实测 点，其中合格 点，合格率 %

评定等级	项目经理： 工长： 班组长： 承包商(公章)： 年 月 日	监理单位核定意见： 签名公章： 年 月 日

(15) 工程竣工验收及资料

工程竣工验收及资料，见表6-27～表6-31。

表6-27 工程竣工报验单

工程名称：　　　　　　　　　　　　　　　　　　　　　　　编号

致：

我方已按合同要求完成了＿＿＿＿＿＿＿＿＿＿＿＿工程，经自检合格，请予以检查和验收。

附件

承包单位(章)
项目经理
日　　期

审查意见：

经初步验收，该工程

1. 符合/不符合我国现行法律法规要求
2. 符合/不符合我国现行工程建设标准
3. 符合/不符合设计文件要求
4. 符合/不符合施工合同要求

综上所述，该工程初步验收合格/不合格，可以/不可以组织正式验收。

项目监理机构
总监理工程师
日　　期

表 6-28　绿化工程初验收单

工程名称		工程性质		绿地面积/m^2	
		工程类型		园建面积/m^2	
具体地段			水体面积/m^2		
建设单位		设计单位		施工单位	
监理单位		质监单位			
开工日期		完成日期		实际日期	
工程完成情况					
确认意见	本工程确认　　年　　月　　日完工，并进行初检。				
初验意见					
施工单位		建设单位		设计单位	
参加验收人员（签名）：		参加验收人员（签名）：		参加验收人员（签名）：	
监理单位		质监单位		接收单位	
参加验收人员（签名）：		参加验收人员（签名）：		参加验收人员（签名）：	

注：1. 初检意见中应包含苗木的密度、数量查验评定结果。

2. 工程性质为：新增或改造。

3. 工程类别为：道路绿化或庭院绿化。

表 6-29　绿化工程交接单

工程名称				
具体地段				
交接时间				
移交内容	绿地面积/m^2		工程类型	
	园建面积/m^2		工程性质	
	水体面积/m^2			
参加交接	建设单位	施工单位	接管单位	
参加人员	单位名称		姓名	
备注				

表 6-30 绿化施工过程检查表

工程项目名称： 地点：

项目负责人：		检查部门/检查	
序	检查项目	质量情况	
1	□种植土壤		
2	□种植地形		
3	□种植穴		
4	□施肥		
5	□苗木形态(规格、球径、病虫害、根系、枝叶)		
6	□苗木种植(复土、浇水、支撑)		
7	□修剪		
8	□养护		
9	□其他		
检查结论		被检查人：	检查人：

记录： 总包负责人： 分包负责人： 日期：

注：在检查项□中打✓。

表 6-31 绿化养护过程（检查）记录

工程项目名称： 编号：

日期	养护内容记录								
	灌溉	排水	除草	施肥 品种、用量/kg	修剪整形	支撑	围护	补植	说明
结论意见	项目负责人： 年 月 日								

检查记录人： 日期： 年 月 日

注：对实施的内容打✓。

6.6.2 施工阶段的资料管理

(1) 施工资料管理规定

① 施工资料应实行报验、报审管理。施工过程中形成的资料应按报验、报审程序，通过相关施工单位审核后，方可报建设（监

理）单位。

② 施工资料的报验、报审应有时限要求。工程各相关单位宜在合同中约定报验、报审资料的申报时间及审批时间，并约定应承担的责任。当无约定时，施工资料的申报、审批不得影响正常施工。

③ 建筑工程实行总承包的，应在与分包单位签订施工合同中明确施工资料的移交套数、移交时间、质量要求及验收标准等。分包工程完工后，应将有关施工资料按约定移交。

承包单位提交的竣工资料必须由监理工程师审查完之后，认为符合工程合同及有关规定，且准确、完整、真实，便可签证同意竣工验收的意见。

（2）施工资料管理流程

① 工程技术报审资料管理流程，如图 6-7 所示。

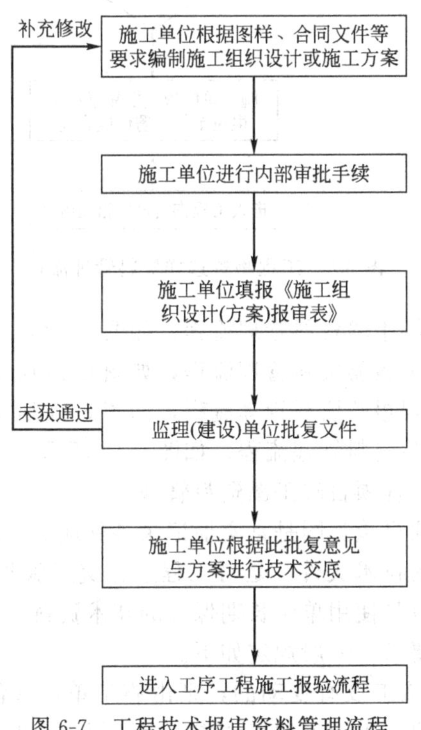

图 6-7　工程技术报审资料管理流程

② 工程物资选样资料管理流程，如图 6-8 所示。

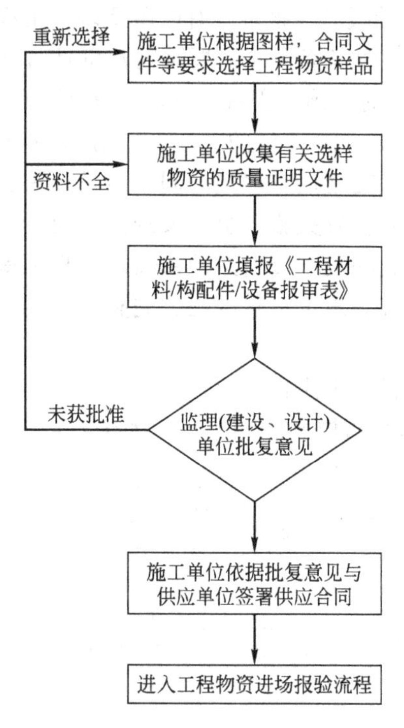

图 6-8 工程物资选样资料管理流程

③ 物资进场报验资料管理流程，如图 6-9 所示。

④ 工序施工报验资料管理流程，如图 6-10 所示。

⑤ 部位工程报验资料管理流程，如图 6-11 所示。

⑥ 竣工报验资料管理流程，如图 6-12 所示。

(3) 园林工程项目竣工图资料管理

园林工程项目竣工图是真实地记录各种地下、地上园林景观要素等详细情况的技术文件，是对工程进行交工验收、维护、扩建、改建的依据，也是使用单位长期保存的技术资料。施工单位提交竣工图是否符合要求，一般规定如下。

① 凡按图施工没有变动的，则由施工单位（包括总包和分包施工单位）在原施工图上加盖“竣工图”标志后即作为竣工图。

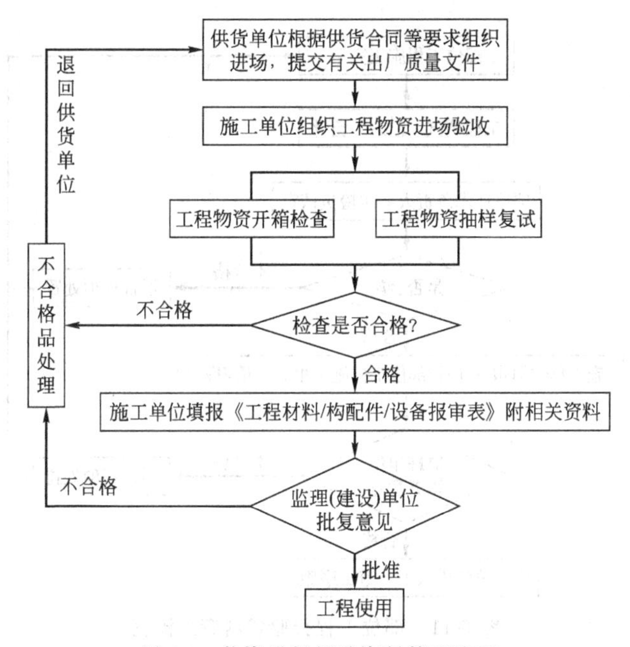

图 6-9　物资进场报验资料管理流程

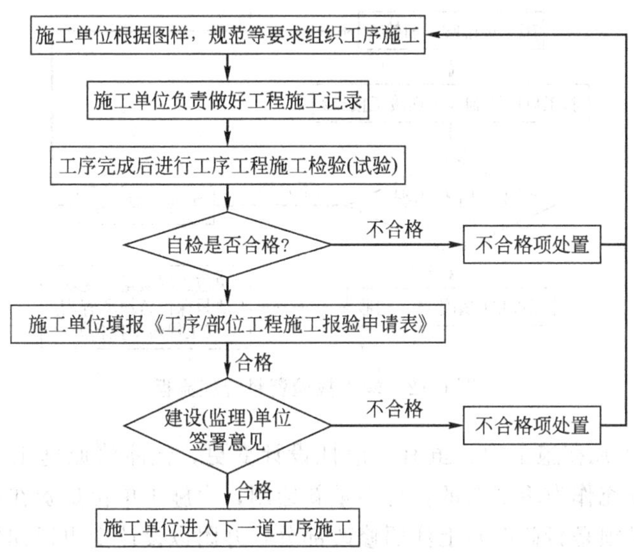

图 6-10　工序施工报验资料管理流程

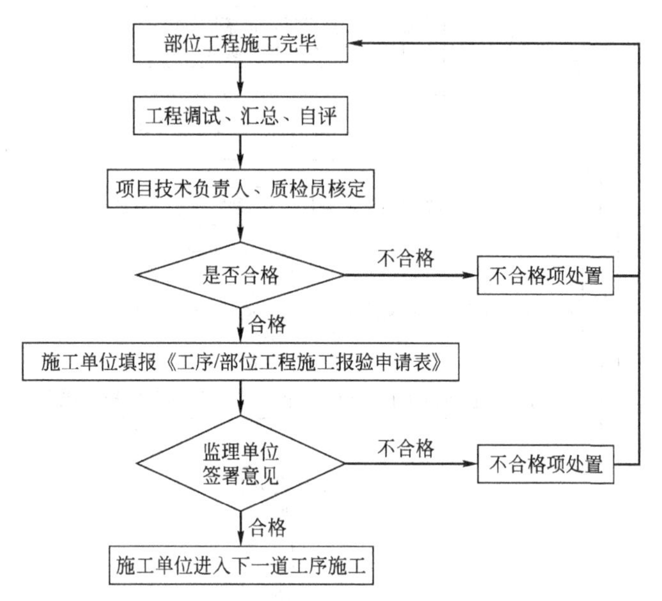

图 6-11　部位工程报验资料管理流程

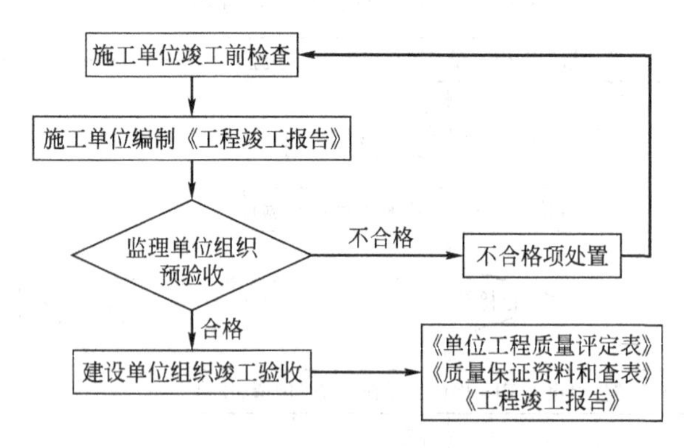

图 6-12　竣工报验资料管理流程

② 凡在施工中，虽有一般性设计变更，但能将原施工图加以修改补充作为竣工图的，可不重新绘制，由施工单位负责在原施工图（必须是新蓝图）上注明修改部分，并附以设计变更通知单和施工说明，加盖“竣工图”标志后，即作为竣工图。

③ 凡工艺改变、平面布置改变、项目改变以及有其他重大改变，不宜再在原施工图上修改补充者，应重新绘制改变后的竣工图。由于设计原因造成的，由设计单位负责重新绘图；由于施工原因造成的，由施工单位负责重新绘图；由于其他原因造成的，由建设单位自行绘图或委托设计单位绘图，施工单位负责在新图上加盖“竣工图”标志附以有关记录和说明，作为竣工图。

④ 竣工图是否与实际情况相符。

⑤ 竣工图图面是否整洁，字迹是否清楚，是否用圆珠笔或其他易于褪色的墨水绘制，若不整洁，字迹不清，使用圆珠笔绘制等，施工单位必须按要求重新绘制。

6.7 园林工程项目施工劳动管理

园林工程项目施工劳动管理就是按照施工现场的各项要求，合理配备和使用劳动力，并按园林工程的实际需要进行不断的调整，使人力资源得到最充分的利用，人力资源的配置结构达到最佳状态，降低工程成本，同时确保现场生产计划顺利完成。它的任务是合理安排和节约使用劳动力，正确贯彻按劳分配原则，充分调动全体职工的劳动积极性，不断提高劳动生产率。

6.7.1 园林工程施工劳动组织管理

园林工程施工劳动组织管理的任务是根据科学分工协作的原则，正确配备劳动力，确立合理的组织机构，使人尽其才、物尽其用，并通过现场劳动的运行，不断改进和完善劳动组织，使劳动者与劳动组织的物质技术条件之间的关系协调一致，促进园林工程施工劳动生产率的提高。

(1) 园林工程施工劳动力组织的形式

园林施工项目中的劳动力组织是指劳务市场向园林施工项目供应劳动力的组织方式及园林工程施工班组中工人的结合方式。园林工程施工项目中的劳动力组织形式有以下几种。

① 专业施工队。专业施工队即按施工工艺，由同一专业工种的工人组成的作业队，并根据需要配备一定数量的辅助工。专业施工队只完成其专业范围内的施工过程。这种组织形式的优点是生产任务专一，有利于提高专业施工水平，提高熟练程度和劳动效率；缺点是分工过细，适应范围小，工种间协作配合难度大。

② 混合施工队。混合施工队是按施工需要，将相互联系的多工种工人组织在一起形成的施工队。可以在一个集体中进行混合作业，工作中可以打破每个工人的工种界限。其优点是便于统一指挥，协调生产和工种间的协调配合；其缺点是其组织工作要求严密，管理要得力，否则会产生相互干扰和窝工现象。

施工队的规模一般应依据工程任务大小而定，施工队需采取哪种形式，则应以节约劳动力，提高劳动生产率为前提，按照实际情况进行选择。

（2）园林工程施工劳动组织的调整与稳定

园林工程施工劳动组织要服从施工生产的需要，在保持一定的稳定性情况下，随现场施工生产的变化而不断调整。

① 根据施工对象特点选择劳动组织形式。根据不同园林工程施工对象的特点，如技术复杂程度、工程量大小等，分别采取不同的劳动组织形式。

② 尽量使劳动组合相对稳定。施工作业层的劳动组织形式一般有专业施工队和混合施工队两种。对项目经理部来说，应尽量使作业层正在使用的劳动力和劳动组织保持稳定，防止频繁调动。当现场的劳动组织不适应任务要求时，应及时进行劳动组织调整。劳动组织调整时应根据园林工程具体施工对象的特点分别采用不同劳动组织形式，有利于工种间和工序间的协作配合。

③ 技工和普工比例要适当。为保证园林工程施工作业需要和工种组合，技术工人与普通工人的比例要适当、配套，使技术工人和普通工人能够密切配合，既节约成本，又能保证工程进度和质量。

园林工程施工劳动组织的相对稳定，对保证现场的均衡施工，防止施工过程脱节具有重要作用。劳动组织经过必要的调整，使新的组织具有更强的协调和作业能力，从而提高劳动效率。

(3) 园林工程施工劳动管理的内容

① 上岗前的培训，园林工程项目经理部在准备组建现场劳动组织时，若在专业技术或其他素质方面现有人员或新招人员不能满足要求时，应提前进行培训，再上岗作业。培训任务主要由企业劳动部门承担，项目经理部只能进行辅助培训，即临时性的操作训练或试验性的操作训练，进行劳动纪律、工艺纪律及安全作业教育等。

② 园林工程施工劳动力的动态管理。根据园林工程施工进展情况和需求的变化，随时进行人员结构、数量的调整，不断达到新的优化。当园林施工工地需要人员时立即进场，当出现过多人员时向其他工地转移，使每个岗位负荷饱满，每个工人有事可做。

③ 园林工程施工劳动要奖罚分明。园林工程施工的劳动过程就是园林产品的生产过程，工程的质量、进度、效益取决于园林工程施工劳动的管理水平、劳动组织的协作能力及劳动者的施工质量和效率。所以，要求每个工人的操作必须规范化、程序化。施工现场要建立考勤及工作质量完成情况的奖罚制度。对于遵守各项规章制度，严格按规范规程操作，完成工程质量优秀的班组或个人给予奖励；对于违反操作规程，不遵守各项现场规章制度的工人或班组给予处罚，严重者遣返劳务市场。

④ 做好园林工程施工工地的劳动保护和安全卫生管理。园林工程施工劳动保护及安全卫生工作较其他行业复杂。不安全、不卫生的因素较多，因此必须做到以下几个方面的工作：首先，建立劳动保护和安全卫生责任制，使劳动保护和安全卫生有人抓，有人管，有奖罚；其二，对进入园林工程施工工地的人员进行教育，增强工人的自我防范意识；其三，落实劳动保护及安全卫生的具体措施及专项资金，并定期进行全面的专项检查。

(4) 园林工程施工劳动力管理的任务

① 园林施工企业劳务部门的管理任务。由于园林施工企业的劳务部门对劳动力进行集中管理，故它在施工劳务管理中起着主导作用。它应做好以下几方面工作。

a. 根据施工任务的需要和变化，从社会劳务市场中招募和遣返（辞退）劳动力。

b. 根据项目经理部所提出的劳动力需要量计划与项目经理部签订劳务合同，并按合同向作业队下达任务，派遣队伍。

c. 对劳动力进行企业范围内的平衡、调度和统一管理。施工项目中的承包任务完成后收回作业人员，重新进行平衡、派遣。

d. 负责对企业劳务人员的工资奖金管理，实行按劳分配，兑现合同中的经济利益条款，进行合乎规章制度及合同约定的奖罚。

② 施工现场项目经理的管理任务。项目经理是项目施工范围内劳动力动态管理的直接责任者，其责任如下。

a. 按计划要求向企业劳务管理部门申请派遣劳务人员，并签订劳务合同。

b. 按计划在项目中分配劳务人员，并下达施工任务单或承包任务书。

c. 在施工中不断进行劳动力平衡、调整，解决施工要求与劳动力数量、工种、技术、能力、相互配合中存在的矛盾，达到劳动力优化组合的目的。

d. 按合同支付劳务报酬。解除劳务合同后，将人员遣返劳务市场。

6.7.2 定额与劳动定额

(1) 定额

① 定额的概念。定额是指在正常的施工条件、先进合理的施工工艺和施工组织的条件下，采用科学的方法制订每完成一定计量单位的质量合格产品所必须消耗的人工、材料、机械设备及其价值的数量标准。正常的施工条件、先进合理的施工工艺和施工组织，就是指生产过程按生产工艺和施工验收规范操作，施工条件完善，劳动组织合理，机械运转正常，材料储备合理。在这样的条件下，采用科学的方法对完成单位产品进行的定员（定工日）、定质（定质量）、定量（定数量）、定价（定资金），同时还规定了应完成的工作内容、达到的质量标准和安全要求等。

实行定额的目的是为了力求用最少的人力、物力和财力，生产出符合质量标准的合格建筑产品，取得最好的经济效益。

建设工程定额中的任何一种定额，都只能反映出一定时期内生产力水平，当生产力向前发展，定额就会变得不适应。所以说，定额具有显著的时效性。

② 定额的分类。定额按其内容、形式、用途等不同，可以作如下分类。

a. 按生产要素分类：包括劳动定额、材料消耗定额、机械台班使用定额。

b. 按定额用途分类：包括施工定额、预算定额、概算定额、概算指标和估算指标。

c. 按定额单位和执行范围分类：包括全国统一定额、专业专用和专业通用定额、地方统一定额、企业补充定额、临时定额。

d. 按专业和费用分类：包括建筑工程定额、安装工程定额、其他工程和费用定额、间接费定额。

定额的形式、内容和种类是根据生产建设的需要而制订的，不同的定额及其在使用中的作用也不完全一样，但它们之间是相互联系的，在实际工作中有时需要相互配合使用。

(2) 劳动定额

① 劳动定额的概念。劳动定额也称为劳动消耗定额或人工定额，是指企业在正常生产条件下，在社会平均劳动熟练程度下，为完成单位产品而消耗的劳动量。所谓正常的生产条件是指在一定的生产（施工）组织和生产（施工）技术条件下，为完成单位合格产品，所必需的劳动消耗量的标准。这个标准是国家和企业对工人在单位时间内完成的产品数量、质量的综合要求。园林工程的劳动定额，是根据该地区园林工程施工平均的技术水平和劳动熟练程度制订的。

② 劳动定额的作用。

a. 劳动定额为工种人员配备提供依据。劳动定额是确定定员标准和合理组织施工的依据。劳动定额为施工工种人员的配备，提供了可靠的数据。只有按劳动定额进行定员编制、组织生产、合理配备与协调平衡，才能充分发挥施工生产效率。

b. 劳动定额为工程的施工组织设计的编制提供依据。园林工程施工组织设计的编制是园林工程施工组织与管理的重要组成内容，而劳动定额可以为工程施工组织设计的编制提供科学可靠的依据。如施工进度计划的编制、施工作业计划的编制、劳动力需要量计划的编制、劳动工资计划的编制等，都以劳动定额为依据。

c. 劳动定额是衡量劳动效率的依据。利用劳动定额可以衡量劳动生产效率，从中发现效率高低的原因，并总结先进经验，改进落后作业方式，不断提高劳动生产效率。利用劳动定额可以把完成施工进度计划、提高经济效益和个人收入直接结合起来。

③ 劳动定额制订的基本原则。

a. 定额水平“平均先进”。这样才能代表社会生产力的水平和方向，推进社会生产力的发展。所谓平均先进水平是指在施工任务饱满、动力和原料供应及时、劳动组织合理、企业管理健全等正常施工条件下，多数工人可以达到或超过，少数工人可以接近的水平。平均先进的定额水平，既要反映各项先进经验和操作方法，又要从实际出发，区别对待，综合分析利弊，使定额水平做到合理可行。

b. 结构形式“简明适用”。定额项目划分合理，步距大小适当，文字通俗易懂，计算方法简便，易于工人掌握和运用，在较大范围内满足不同情况和不同用途的需要。

c. 编制方法“专群结合”。劳动定额要有专门机构负责组织专职定额人员和工人、工程技术人员相结合，以专职人员为主进行编制。同时，编制定额时，必须取得工人的配合和支持，使定额具有群众基础。

上述编制定额的三个重要原则是相互联系、相互作用的，缺一不可。

④ 劳动定额编制的基本方法：劳动定额的制订要有科学的根据，以及足够的准确性和代表性，既考虑先进技术水平，又考虑大多数工人能达到的水平，即所谓先进合理的原则。

a. 经验估算法。经验估算法是根据定额人员、生产管理技术人员和老工人的实践经验，并参照有关技术资料，通过座谈讨论、分析研究和计算而制订定额的方法。其优点是：定额制订较为简单，工作量小，时间短，不需要具备更多的技术条件。缺点是：定额受估工人员的主观因素影响大，技术数据不足，准确性差。此种方法只适用于批量小，不易计算工作量的生产过程。通常作为一次性定额使用。

b. 统计分析法。统计分析法是根据一定时期内生产同类产品各工序的实际工时消耗和完成产品数量的统计，经过整理分析制订定额的方法。其优点是：方法简便，比经验估计法有较多的统计资料为依据。缺点是：原有统计资料不可避免地包含着一些偶然因素，以至影响定额的准确性，此种方法适用于生产条件正常、产品稳定、批量大、统计工作制度健全的生产过程定额的制订。

c. 比较类推法。比较类推法是按过去积累的统计资料，经过分析、整理，并结合现实的生产技术和组织条件确定劳动定额的一种方法。该法比经验估算法准确可靠，但对统计资料不加分析也会影响劳动定额的准确性。这种方法简便、工作量少，只要典型定额选择恰当，切合实际，具有代表性，推出的定额水平一般比较合理。如果典型选择不当，整个系列定额都会有偏差，这种方法适用于定额测定较困难，同类型项目产品品种多、批量少的施工过程。

d. 技术测定法。技术测定法是指在分析研究施工技术及组织条件的基础上，通过对现场观察和技术测定的资料进行分析计算，来制订定额的方法。它是一种典型的调查研究方法。其优点是：通过测定可以获得制订定额工作时间消耗的全部资料，有充分的依据，准确度较高，是一种科学的方法。缺点是：定额制订过程比较复杂，工作量较大，技术要求高，同时还需要做好工人思想工作。这种方法适用于新的定额项目和典型定额项目的制订。

上述四种方法可以结合具体情况具体分析，灵活运用，在实际工作中常常是几种方法并用。

⑤ 劳动定额的表现形式。劳动定额按其表现形式有时间定额和产量定额两种。

a. 时间定额。时间定额是指在一定的生产技术和生产组织条件下，某工种、某技术等级的工人小组或个人，完成单位合格产品所必须消耗的劳动时间。

这里的劳动时间包括有效工作时间（准备时间＋基本生产时间＋辅助生产时间），不可避免的中断时间以及工人必需的工间休息时间等。

定额工作时间＝工人的有效工作时间＋必需的休息时间＋不可避免的中断时间

时间定额以工日为单位，每一个工日按 8h 计算，计算方法如下。

单位产品时间定额(工日)＝1/每工产量

单位产品时间定额(工日)＝小组成员工日数的总和/台班产量(班组完成产品数量)

b. 产量定额。产量定额是指在一定的生产技术和生产组织条件下，某工种、某技术等级的工人小组或个人，在单位时间（工日）内完成合格产品的数量。其计算方法如下。

产量定额＝1/单位产品时间定额(工日)

台班产量＝小组成员工日数总和/单位产品时间定额(工日)

产量定额的计量单位，以单位时间的产品计量单位表示，如立方米、平方米、吨、块、根等。

c. 时间定额与产量定额之间的关系。时间定额和产量定额都表示同一劳动定额，但各有用处。时间定额是以工日为单位，便于综合，用于计算比较方便。产量定额是以产品数量为单位，具有形象化的特点，在工程施工时便于分配任务。

时间定额是计算产量定额的依据，产量定额是在时间定额基础上制订的。当时间定额减少或增加时，产量定额也就增加或减少，时间定额和产量定额在数值上互成反比例关系或互为倒数关系。即：时间定额×产量定额＝1

⑥ 劳动定额管理需注意的事项。

a. 维持定额的严肃性，不经规定手续，不得任意修改定额。

b. 做好定额的补充和修订。对于定额中的缺项和由于新技术、新工艺的出现而引起的定额变化，要及时进行补充和修订。但在补充和修订中必须按照规定的程序、原则和方法进行。

c. 做好任务书的签发、交底、验收和结算工作。把劳动定额与班组经济责任制和内部承包结合起来。

d. 统计、考核和分析定额执行情况。建立和健全工时消耗原始记录制度，使定额管理具有可靠的基础资料。

6.8 园林工程项目施工安全管理

在园林工程施工过程中，安全管理的内容主要包括对实际投入的生产要素及作业、管理活动的实施状态和结果所进行的管理和控制，具体包括作业技术活动的安全管理、施工现场文明施工管理、劳动保护管理、职业卫生管理、消防安全管理和季节施工安全管理等。

(1) 作业技术活动的安全管理

园林工程的施工过程体现在一系列的现场施工作业和管理活动中，作业和管理活动的效果将直接影响施工过程的施工安全。为确保园林建设工程项目施工安全，工程项目管理人员要对施工过程进行全过程、全方位的动态管理。作业技术活动的安全管理主要内容如下。

① 从业人员的资格、持证上岗和现场劳动组织的管理。园林施工单位施工现场管理人员和操作人员必须具备相应的执业资格、上岗资格和任职能力，符合政府有关部门规定。现场劳动组织的管理包括从事作业活动的操作者、管理者，以及相应的各种管理制度，操作人员数量必须满足作业活动的需要，工种配置合理，管理人员到位，管理制度健全，并能保证其落实和执行。

② 从业人员施工中安全教育培训的管理。园林工程施工企业施工现场项目负责人应按安全教育培训制度的要求，对进入施工现场的从业人员进行安全教育培训。安全教育培训的内容主要包括：新工人“三级安全教育”、变换工种安全教育、转场安全教育、特种作业安全教育、班前安全活动交底、周一安全活动、季节性施工

安全教育、节假日安全教育等。施工企业项目经理部应落实安全教育培训制度的实施，定期检查考核实施情况及实际效果，保存教育培训实施记录、检查与考核记录等。

③ 作业安全技术交底的管理。安全技术交底由园林工程施工企业技术管理人员根据工程的具体要求、特点和危险因素编写，是操作者的指令性文件。其内容主要包括：该园林工程施工项目的施工作业特点和危险点、针对该园林工程危险点的具体预防措施、园林工程施工中应注意的安全事项、相应的安全操作规程和标准、发生事故后应及时采取的避难和急救措施。

作业安全技术交底的管理重点内容主要体现在两点：首先，应按安全技术交底的规定实施和落实；其次，应针对不同工种、不同施工对象，或分阶段、分部、分项、分工种进行安全交底。

④ 对施工现场危险部位安全警示标志的管理。在园林工程施工现场入口处、起重设备、临时用电设施、脚手架、出入通道口、楼梯口、孔洞口、桥梁口、基坑边沿、爆破物及危险气体和液体存放处等危险部位应设置明显的安全警示标志。安全警示标志必须符合《安全标志及其使用导则》(GB 2894—2008)。

⑤ 对施工机具、施工设施使用的管理。施工机械在使用前，必须由园林施工企业机械管理部门对安全保险、传动保护装置及使用性能进行检查、验收，填写验收记录，合格后方可使用。使用中，应对施工机具、施工设施进行检查、维护、保养和调整等。

⑥ 对施工现场临时用电的管理。园林工程施工现场临时用电的变配电装置、架空线路或电缆干线的敷设、分配电箱等用电设备，在组装完毕通电投入使用前，必须由施工企业安全部门与专业技术人员共同按临时用电组织设计的规定检查验收，对不符合要求的处须整改，待复查合格后，填写验收记录。使用中由专职电工负责日常检查、维护和保养。

⑦ 对施工现场及毗邻区域地下管线、建（构）筑物等专项防护的管理。园林施工企业应对施工现场及毗邻区域地下管线（如供水、供电、供气、供热、通信、光缆等地下管线）、相邻建（构）筑物、地下工程等采取专项防护措施，特别是在城市市区施工的工

程，为确保其不受损，施工中应组织专人进行监控。

⑧ 安全验收的管理。安全验收必须严格遵照国家标准、规定，按照施工方案或安全技术措施的设计要求，严格把关，并办理书面签字手续，验收人员对方案、设备、设施的安全保证性能负责。

⑨ 安全记录资料的管理。安全记录资料应在园林工程施工前，根据建设单位的要求及工程竣工验收资料组卷、归档的有关规定，研究列出各施工对象的安全资料清单。随着园林工程施工的进展，园林施工单位应不断补充和填写关于材料、设备及施工作业活动的有关内容，记录新的情况。当每一阶段施工或安装工作完成，相应的安全记录资料也应随之完成，并整理组卷。施工安全资料应真实、齐全、完整，相关各方人员的签字齐备、字迹清楚、结论明确，与园林施工过程的进展同步。

(2) 文明施工管理

文明施工可以保持良好的作业环境和秩序，对促进建设工程安全生产、加快施工进度、保证工程质量、降低工程成本、提高经济和社会效益起到重要作用。园林工程施工项目必须严格遵守《建筑施工安全检查标准》(JGJ 59—2011) 的文明施工要求，保证施工项目的顺利进行。文明施工的管理内容主要包括以下几点。

① 组织和制度管理。园林工程施工现场应成立以施工总承包单位项目经理为第一责任人的文明施工管理组织。分包单位应服从总包单位的文明施工管理组织统一管理，并接受监督检查。

各项施工现场管理制度应有文明施工的规定，包括个人岗位责任制、经济责任制、安全检查责任制、持证上岗制度、奖惩制度、竞赛制度和各项专业管理制度等。同时，应加强和落实现场文明检查、考核及奖惩管理，以促进施工文明管理工作的实施。检查范围和内容应全面周到，包括生产区、生活区、场容场貌、环境文明及制度落实等内容，对检查发现的问题应采取整改措施。

② 建立收集文明施工的资料及其保存的措施。文明施工的资料包括：关于文明施工的法律法规和标准规定等资料，施工组织设计（方案）中对文明施工的管理规定，各阶段施工现场文明施工的措施，文明施工自检资料，文明施工教育、培训、考核计划的资

料，文明施工活动各项记录资料等。

③ 文明施工的宣传和教育。通过短期培训、上技术课、听广播、看录像等方法对作业人员进行文明施工教育，特别要注意对临时工的岗前教育。

（3）职业卫生管理

园林工程施工的职业危害相对于其他建筑业的职业危害要轻微一些，但其职业危害的类型是大同小异的，主要包括粉尘、毒物、噪声、振动危害以及高温伤害等。在具体工程施工过程中，必须采取相应的卫生防治技术措施。这些技术措施主要包括防尘技术措施、防毒技术措施、防噪技术措施、防震技术措施、防暑降温措施等。

（4）劳动保护管理

劳动保护管理的内容主要包括劳动防护用品的发放和劳动保健管理两方面。劳动防护用品必须严格遵守国家颁布的《劳动防护用品配备标准》等相关法规，并按照工种的要求进行发放、使用和管理。

（5）施工现场消防安全管理

我国消防工作坚持“以防为主，防消结合”的方针。“以防为主”就是要把预防火灾的工作放在首要位置，开展防火安全教育，提高人群对火灾的警惕性，健全防火组织，严密防火制度，进行防火检查，消除火灾隐患，贯彻建筑防火措施等。“防消结合”就是在积极做好防火工作的同时，在组织上、思想上、物质上和技术上做好灭火战斗的准备。一旦发生火灾，就能及时有效地将火扑灭。

园林工程施工现场的火灾隐患明显小于一般建筑工地，但火灾隐患还是存在的，如一些易燃材料的堆放场地、仓库、临时性的建（构）筑物、作业棚等。

（6）季节性施工安全管理

季节性施工主要指雨季施工或冬季施工及夏季施工。雨季施工，应当采取措施防雨、防雷击，组织好排水，同时，应做好防止触电、防坑槽坍塌，沿河流域的工地还应做好防洪准备，傍山施工现场应做好防滑塌方措施，脚手架、塔式起重机等应做好防强风措施。冬季施工，应采取防滑、防冻措施，生活办公场所应当采取防火和防煤气中毒措施。夏季施工，应有防暑降温的措施，防止中暑。

6.9 施工项目风险管理与组织协调

6.9.1 施工项目中的风险

(1) 风险的概念

风险指可以通过分析预测其发生概率、后果很可能造成损失的未来不确定性因素。风险包括三个基本因素。

① 风险因素的存在性；

② 风险因素导致风险事件的不确定性；

③ 风险发生后其产生损失量的不确定性。

项目的一次性使其不确定性要比其他经济活动大得多，而施工项目由于其特殊性，比其他项目的风险又大得多，使得它成为最突出的风险事业之一，因此风险管理的任务是很重要的。根据风险产生原因的不同，可将施工项目的风险因素进行分类，见表6-32。

表 6-32 风险因素分类表

风险类型	风险因素	
技术风险	设计	设计内容不全，缺陷设计、错误和遗漏、规范不恰当，未考虑地质条件，未考虑施工可能性等
	施工	施工工艺的落后，不合理的施工技术和方案，施工安全措施不当，应用新技术、新方案的失败，未考虑现场情况等
	其他	工艺设计未达到先进性指标，工艺流程不合理，未考虑操作安全性等
非技术风险	自然与环境	洪水、地震、火灾、台风、雷电等不可抗拒自然力，不明的水文气象条件，复杂的工程地质条件，恶劣的气候，施工对环境的影响等
	政治、法律	法律及规章的变化，战争和骚乱、罢工、经济制裁或禁运等
	经济	通货膨胀、汇率的变动、市场的动荡、社会各种摊派和征费的变化等

续表

风险类型	风险因素	
非技术风险	组织协调	业主和上级主管部门的协调,业主和设计方、施工方以及监理方的协调,业主内部的组织协调等
	合同	合同条款遗漏,表达有误,合同类型选择不当,承发包模式选择不当,索赔管理不力,合同纠纷等
	人员	业主人员、设计人员、监理人员、一般工人、技术员、管理人员的素质(能力、效率、责任心、品德)
	材料	原材料、成品、半成品的供货不足或拖延,数量差错,质量规格有问题,特殊材料和新材料的使用有问题,损耗和浪费等
	设备	施工设备供应不足、类型不配套、故障、安装失误、选型不当
	资金	资金筹措方式不合理、资金不到位、资金短缺

(2) 风险产生的原因及风险成本

① 风险产生的原因

a. 说明或结构的不确定性，即人们由于认识不足，不能清楚地描述和说明项目的目的、内容、范围、组成、性质以及项目同环境之间的关系，风险的未来性使这项原因成为最主要的原因。

b. 计量的不确定性，即由于缺少必要的信息、尺度或准则而产生的项目变数数值大小的不确定性，因为在确定项目变数数值时，人们有时难以获取有关的准确数据，甚至难以确定采用何种计量尺度或准则。

c. 事件后果的不确定性，即人们无法确认事件的预期结果及其发生的概率。

总之，风险产生的原因既由于项目外部环境的千变万化难以预料周详，又由于项目本身的复杂性，还源于人的认识和预测能力的局限性。

② 风险成本。风险事件造成的损失或减少的收益，以及为防止风险事故发生采取预防措施而支付的费用，均构成风险成本。风险成本包括有形成本、无形成本及预防与控制费用。

a. 有形风险成本。指风险事件造成的直接损失和间接损失。直接损失指财产损毁和人员伤亡的价值；间接损失指直接损失之外由于未减少直接损失或由直接损失导致的费用支出。

b. 无形风险成本。指项目主体在风险事件发生前后付出的非物质和费用方面的代价，包括信誉损失、生产效率的损失以及资源重新配置而产生的损失。

c. 风险预防及控制费用。指预防和控制风险损失而采取的各种措施的支出，包括措施费、投保费、咨询费、培训费，工具设备维护费，地基、堤坝加固费等。

认真研究和计算风险成本是有意义的，当风险的不利后果超过为项目风险管理而付出的代价时，就有进行风险管理的必要。

（3）园林工程项目风险分析

项目风险分析，就是对将会出现的各种不确定性及其可能造成的各种影响及影响程度进行恰如其分的分析和评估，从而为项目管理者采取相应的对策来减少风险的不利影响、降低风险发生的概率提供第一手依据。风险分析的过程，即应用各种风险分析技术，用定性、定量或两者相结合的方式处理不确定性的过程。

风险分析与评价的主要任务是：确定风险发生概率、风险造成后果的严重程度、风险影响范围的大小以及风险发生的时间。下面介绍风险分析的两类方法，即定性风险分析和定量风险分析。

① 定性风险分析。园林工程项目风险管理中常见的定性风险分析采用列举法。列举法，是在对同类已完工程项目的环境、实施过程进行调查、分析、研究后，建立该类项目的基本的风险结构体系，进而建立该类项目的风险知识库（经验库），它包括该类项目常见的各种风险因素。项目管理者在对新项目决策，或在用专家经验法进行风险分析时，该风险知识库能给出提示，帮助管理者列出所有可能的风险因素，从而引起人们的重视，引导进一步地分析并采取相应的防、控措施。

② 定量风险分析。

a. 风险概率数方法。风险概率数方法在量化风险时，通常的方法是：用风险事件发生的概率与风险事件发生以后的损失这两个值的乘积来衡量风险值。风险概率数方法是：用概率度（P）、严重程度（S）和检测能力指标（D）等3个值相乘得到的风险概率数（RPN）来衡量风险大小的方法。RPN越大，风险就越严重。

• 概率度。概率度可以结合风险识别结果用如表 6-33 所示方法来确定。

表 6-33　概率度评分

发生的概率描述	概率度评分	发生的概率描述	概率度评分
极高:发生几乎是肯定的	10	高:有重复发生的可能	8
	9		7
中:偶然发生	6	低:发生可能性较小	3
	5		2
	4	极低:不可能发生	1

• 严重程度。严重程度可以结合风险识别结果用如表 6-34 所示方法来确定。

表 6-34　严重程度评分

不良后果	严重程度评分	不良后果	严重程度评分
危害(没有预兆)	10	危害(有预兆)	9
极其严重	8	严重	7
中等	6	轻	5
极轻	4	微小	3
极微小	2	没有	1

• 检测能力。检测能力是指在问题或者风险发生之前能否检测得到的能力。检测能力的数值越大，说明检测到风险的可能性越小，即能力越小。见表 6-35 为用来评估项目风险的检测能力。

表 6-35　能力检测评分

检测的难易度	检测能力评分	检测的难易度	检测能力评分
绝对不可能	10	中等	5
几乎不可能	9	中等偏高	4
可能性极小	8	高	3
非常低	7	非常高	2
低	6	几乎可确定	1

有了上述3个值以后，就可以得出相应的风险概率数了。

b. 统计试验法。统计实验法是估计经济风险和工程风险常用的方法，其中有代表性的是蒙特卡罗模拟技术，又称随机抽样技巧或方法。在一般研究不确定因素时，通常只考虑最好、最坏和最可能三种估计，如敏感性分析方法，但如果不确定的因素有很多，那么只考虑这三种估计便会使决策发生偏差或失误。例如，当一个保守的决策者只使用所有不确定因素中的最坏估计时，其依据所得结果做出的决策就可能过于保守，会因此而失掉不应失掉的机会；而当一个乐观的决策者只使用所有不确定因素中的最好估计时，其所做出的决策就可能过于乐观，那么他所冒的风险就要比他原来所估计的大得多。蒙特卡罗方法则可以避免这些情况的发生，使在复杂情况下的决策更为合理和准确。

蒙特卡罗模拟技术的基本步骤如下。

• 编制风险清单。

• 制定标准化的风险评价表，采用德尔菲法确定风险因素的影响程度和发生概率。

• 采用模拟技术，确定风险组合。

即对上一步专家调查中获得的主观数据，采用模拟技术加以评价、定量，最后在风险组合中表现出来。

• 分析与总结。

通过模拟技术可以得到项目总风险的概率分布曲线，从曲线中可以看出项目总风险的变化规律，据此确定应急费的大小。

蒙特卡罗模拟技术可以直接处理每一个风险因素的不确定性，并把这种不确定性在成本方面的影响以概率分布的形式表示出来，是一种多元素变化方法，另外，编制计算机软件来对模拟过程进行处理，可以大大节约时间，比较适合在大中型项目中应用。该技术的难点在于对风险因素相关性的辨识与评价。

c. 决策树方法。决策树方法是一种形象化的决策方法，它用树形来表示项目所有可供选择的行动方案、行动方案之间的关系、行动方案的后果，以及这些后果所发生的概率；它采用逐级逼近的计算方法，从出发点开始不断产生分枝以表示所分析问题的各种发展可能性，并以各分枝的损益期望值中的最大值或最小值作为选择的依据（图 6-13）。

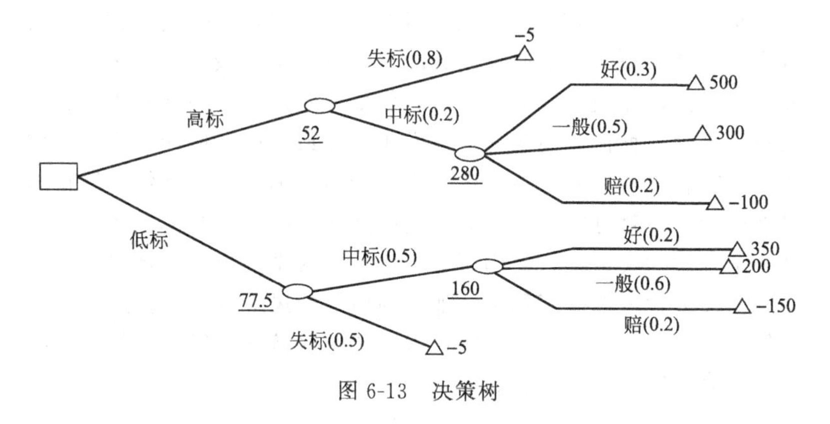

图 6-13　决策树

决策树的画法如下。

- 先画一个方框作为出发点，此点叫做决策点。
- 从决策点引出若干条代表不同方案的线，叫做方案枝。
- 在每个方案枝的末端画一个圆圈，叫做状态点；在枝上注明该种后果的出现概率，故这些枝又称概率枝。在最后的概率枝末端画小三角形，并写上自然状态的损益值。

6.9.2　施工项目风险管理

（1）项目风险管理的原则

项目风险的特点要求对项目风险进行全面的管理，包括全过程和全方位的管理，进行项目风险管理主要应遵循以下原则。

① 经济原则。即风险管理人员在制定风险管理计划时，要以总成本最低为总目标，即风险管理也要考虑成本，要以最合理、最经济的处治方式把控制损失的费用降到最低，如果控制风险的费用超过了风险可能造成的损失，显然是不经济的。风险管理人员要运用成本效益分析法进行科学的分析和严格的核算。

②“二战”原则。即对待风险在战略上要藐视，而在战术上要重视的原则。实际工作中，既不能因为严重的风险被识别后就惶惶

不可终日，也不能因为风险有规律、可识别就轻视每个风险因素的存在。

③ 社会责任原则。在项目风险管理的过程中必须注重社会效益、履行社会责任，不能把风险的危害转嫁给周围地区的单位、个人，同时实施风险管理时应确保风险管理的每一个步骤都具有合法性。

④ 满意原则。即风险管理过程中应允许一定的不确定性，只要风险管理达到预定要求，满意就行了。

（2）项目风险管理过程

由于项目风险管理对企业的经济效益、社会效益会产生很大的影响，对提高企业的决策质量和管理水平也将产生深远的影响，因此风险管理在项目管理中具有非常重要的作用，它涉及企业管理和项目管理的各个阶段和各个方面，涉及项目管理的各个子系统，所以对项目进行的风险管理必须是综合管理，要与项目管理中的合同管理、成本控制、进度控制、质量控制等连成一体、综合考虑。

项目风险管理过程分为：风险识别、风险分析、风险规划、风险控制四个阶段。在整个项目的实施过程中，这个过程是动态的和反复的，目的是为了对项目所面临的风险实施实时的监控、分析评价和管理。项目风险管理过程如图 6-14 所示。

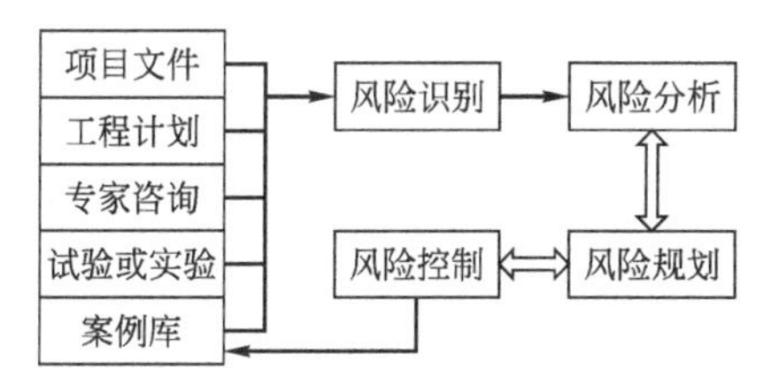

图 6-14 项目风险管理过程

6.10 思 考 题

1. 园林工程施工项目管理分为哪几类？

2. 园林工程施工现场管理包括哪些内容?
3. 园林工程施工材料管理经过哪些过程?
4. 园林工程施工成本主要有哪些形式?
5. 施工现场管理有哪些意义?
6. 项目工程风险因素有哪些类型?
7. 园林工程施工劳动力的组织形式有哪几种?
8. 施工过程应该如何进行检查和监督?

7 园林工程项目合同管理

7.1 园林工程施工合同

7.1.1 园林工程施工合同的概述

(1) 施工合同概念

园林工程施工合同是指发包方（又称建设单位或招标方）与承包方（即施工企业或承包方）之间，为完成商定的园林工程施工项目，确定双方各自应有的权利、义务和应承担责任的合法协议。在园林工程施工合同中，发包方与承包方应是平等的民事主体，在签订园林工程施工合同时，双方应共同遵循自愿、诚信、公平、公开的原则，双方必须具备相应的技术与经济资质，并有履行园林工程施工合同的能力。在对合同标的范围内的工程实施建设施工时，发包方必须具备组织管理和筹备有足够的工程建设资金的能力。

园林工程建设发包方可以是国家机关及事业单位、具备法人资格的各种企业、经济联合体、社会团体或个人，有建设园林工程的意向，能够自觉自愿履行合同规定的责任义务，且具备支付工程价款能力的合同当事人或发包人都可以是园林工程的建设单位。

园林工程施工承包人应是具备与所承包工程规模对等的法人资质，以及相应工程施工技术与管理的能力，并被发包人认可和接受的合同当事人。

（2）施工合同的作用

首先，园林工程施工合同一经签订，即具有法律的约束力；合同明确了发包建设方和承包施工方在工程建设中的权利和义务，这是双方履行合同的行为准则和法律依据。其次，签订施工合同也有利于对工程建设过程的监督和管理，有利于工程建设的有序进程。特别是在当前市场经济体制下，合同是维系市场良性循环运转和发展的重要因素。

（3）施工合同的特点

① 合同标的的特殊性

a. 园林工程施工合同中标的建筑物、植物和其他构筑物等，都属于不可移动的固定物品。

b. 施工合同内约定的各个施工项目因其与环境的特殊关联性，它们之间具有不可替代的单一独立性。

c. 工程的单一性决定了施工技术与管理的移动性，即施工队伍、机械设备等必须围绕着合同标的物不断转移。

d. 园林工程所在的位置就是施工生产场所。

② 合同履行期限的长期性。整个园林工程的施工过程一般都经历 3 个时期。在签订合同后至正式开工前，必须有一个准备人工、物资和资金的时间；开工后的现场施工，必须经历一个按设计、按工序、按工艺的精细化作业操作过程；工程现场施工作业完工后至正式竣工验收、移交的期间，还需要有一个较长的保质养护期限。此外，在上述 3 个过程中，还有可能发生不可抗力、设计变更等原因造成的工期顺延，所有这些情况都决定了施工合同在履行过程具有的长期性。

③ 合同履行过程的多元性和复杂性。

a. 合同履行的多元性，是指园林工程施工企业在履行合同过程，必须要与外聘技术与管理人员、劳务民工、材料供应商、机械设备出租或操作等各方，发生多种合作或协作的合同关系，上述这些都构成了合同在履行过程的多元性。

b. 合同履行的复杂性，是指在园林工程施工过程，施工企业不但要与工程建设单位、监理公司、设计单位处理好彼此间的合作关系，而且还要主动到工程所在地的土地、工商、税务（国家税务局和地方税务局）、植物检疫、公安等政府部门办理相关的手续，并在施工作业期间接受这些政府部门的随时检查和行政管理；与此同时还应对工程的安全文明施工、环境污染、地上设施、地下管网、构筑物，以及设计变更、不可抗力等各种不可预见的复杂性变化，迅速做出正确的判断和快速的处理。

7.1.2 签订施工合同的原则和条件

（1）签订施工合同的原则

① 合法性原则。发包方与承包方订立的园林工程施工合同必须严格执行《建设工程施工合同》（示范文本），并且双方应自觉自愿地认真遵守《中华人民共和国合同法》《中华人民共和国建筑法》和《中华人民共和国环境保护法》等法律法规。

② 平等与协商的原则。合同的主体双方都依法享有自愿订立工程施工合同的权利，且在自愿、平等的基础上，在履行合同中双方应采取互相尊重、友好沟通与交流、相互理解与协商、严格与关心的方式，为工程的顺利建设营造和谐、友好的合作氛围环境。

③ 公平与诚信的原则。施工合同属于承包、发包双方的双务合同。因此，任何一方都不能只强调自己的权利而不注重其义务的履行，这是违背公平、公正的行为。为此，在合同订立过程，双方应讲诚实、守信用，并充分考虑对方的合法利益，以善意的方式设定合同条款。

④ 过错责任的原则。在施工合同的订立内容中，还应明确规定违约的责任以及仲裁条款。

（2）订立施工合同应具备的条件

园林工程承包施工方与建设单位签订施工合同时，应在确认以下条件都具备时方可与其签订正式的工程承包施工合同书。

a. 工程立项计划和设计概算已经得到建设单位的上级主管部门批准。

b. 工程建设资金已列入国家或地方政府（企业）的年度建设财政计划之内。

c. 工程施工所需要的设计文件和有关技术、经济资料已准备就绪。

d. 工程项目的建设资料、施工材料与设备等已经落实。

e. 工程已纳入招投标管理范畴，中标文件已经下达。

f. 工程施工现场条件已成熟，即现场“4通1平”已准备就绪。

g. 工程的合同主体双方都符合法律规定，并均有履行合同的能力。

7.1.3 园林工程施工合同的主要内容

按《合同法》规定，园林工程施工合同的内容包括工程范围、建设工期、中间交工工程的开工和竣工时间、工程质量、工程造价、技术资料交付时间、材料和设备供应责任、拨款和结算、交工验收、质量保修范围和质量保证期、双方相互协作等条款。下面根据合同主要条款内容作简要说明。

(1) 工程的名称和地点

工程名称是指合同双方要进行的工程的名称，它应当以批准的设计文件所称的名称为准，不得擅自更改。工程地点是指工程的建设地点。对于扩建或者改建的工程项目，因主体结构已存在，所以施工地点只写主体结构地即可。但对于新建项目或者外地工程，必须详细地将建设项目所在地的省、市、县的具体地点标清楚，因为它涉及施工条件、取费标准等一系列问题。

(2) 工程范围和内容

工程范围和内容包括主要工程、附属工程的建设内容，每一工程建设内容都要写清楚，以免出现不必要的争议和麻烦。

(3) 开工、竣工日期及中间交工工程开工、竣工日期

时间在合同中是一项比较重要的内容，园林工程施工合同更是如此。开工、竣工日期是合同的必备条款。有时由于工期的要求，有些分部工程是在其他分部工程中插入的，如假山工程、小品工程、装饰工程等，都是在主体工程基础上施工的，有一定的依附性，因此，也必须规定这些工程的开工、竣工日期。

（4）工程质量保修、养护期及保修养护条件

工程质量是基本建设的一个重大问题，双方当事人会因质量问题发生争议。一般情况下工程质量应达到国家验收标准及合同规定。保修养护期应在满足国家规定的最低保修（养护）期的基础上满足合同条款规定；保修及养护内容要按合同及有关法规规定执行。

（5）工程造价

工程造价是指双方达成协议的工程内容和承包范围的工程价款。如工程项目为招标工程，应以中标时的中标价为准；如按初步设计总概算投资包干时，应以经审批的概算投资与承包内容相应部分的投资（包括相应的不可预见费）为工程价款；如按施工图预算包干，则应以经审查的施工图总概算或综合预算为准。合同条款中，应明确规定承包工程价款。如果一时不能计算出工程价款，尤其是按照施工图预算加现场签证或按实际结算的工程，不能事先确定其工程价款，合同中也应当明确规定工程价款计算原则，如执行定额和计算标准，以及如何签证和审定工程价款等。

（6）工程价款的支付、结算及交工验收办法

工程价款的支付一般分预付款、中间结算和竣工结算三部分。工程开始，施工企业按规定向建设单位收取工程备料款和进度款，进度款是根据施工企业逐日完成建设安装工程量来确定的。工程竣工后，承包、发包双方应办理交工验收手续，工程验收应以施工图及设计文件、施工验收标准及合同协议为依据进行。由建设单位和施工单位协商确定各期付款所占总造价的比例。因为在施工中会出现各种变化，如地质条件的变化、材料的代换、工程量的增减、施工做法的变更等，这就要根据所发生的变化，利用单项工程竣工结算来重新确定结算时的工程实际造价。

（7）设计文件及概算、预算和技术资料提供日期

设计文件及概算、预算和技术资料的提供是履行合同的基础，一般应在施工准备阶段完成。在合同中应对所提供的文件及提供日期加以明确规定。根据规定提供的施工图及设计说明应由建设单位组织有关人员进行图纸交底和会审。凡未经会审的图纸一律不得施

工。施工过程中，施工单位发现施工图与说明书不符、设备有缺陷、材料代用等问题，应书面通知建设单位。建设单位应在约定期限内办理技术鉴定。在工程开工前，建设单位还应提供现场的有关技术资料，如隐蔽设施，然后施工单位才能开工。

（8）材料和设备的供应和进场

园林工程施工过程中材料、设备的供应主要有两种情况：一是甲方（建设单位）供应材料、设备；二是乙方（施工单位）采购材料、设备。甲乙双方应严格按照合同规定，对各自负责的材料、设备保证按时、按质、按量供应。在建设工程施工合同中，材料、设备的采购、供应、验收、保管应有严格详细的责任划分。

（9）双方相互协作事项

建设工程施工合同的顺利完成是需要双方当事人通力协作，因此合同中需要明确规定双方当事人协作的事宜，以确保按时、保质地完成工程。

（10）违约责任

① 承包方的违约责任：

a. 工程质量不符合合同规定的，应负责无偿维修、补栽或返工；

b. 由于维修、补栽、返工造成逾期交付或工程交付时间不符合规定时，偿付逾期违约金；

c. 在工程保修养护期内负责对工程保修养护，不能负责保修养护的要承担违约责任。

② 发包方的违约责任：

a. 未能按照承包合同的规定履行自己应负的责任的，除竣工日期得以顺延外，还应赔偿承包方因此发生的实际损失；

b. 工程中途停建、缓建或由于设计变更以及设计错误造成的返工，应采取措施弥补或减少损失，同时，赔偿承包方由此造成的停工、窝工、返工、倒运、人员和机械设备调迁、材料积压的实际损失；

c. 工程未经验收，发包方提前使用或擅自动用，由此而发生的质量或其他问题，由发包方承担责任；

d. 超过合同规定日期验收的，按合同的违约责任条款的规定偿付逾期违约金；

e. 不按照合同规定拨付工程款的，按银行有关逾期付款办法或“工程价款结算办法”的有关规定处理。

(11) 争议解决方式

解决合同争议的方式按我国法律规定有和解、调解、仲裁和诉讼。其中仲裁和诉讼具有排他性，因此，在合同中必须写明选择的解决方式。

7.1.4 施工合同格式

合同格式是指合同的文件形式，一般有条文式和表格式两种。园林工程施工建设合同综合以上两种格式，以条文格式为主辅以表格，共同构成规范的工程施工合同文本格式。

标准的园林工程施工承包合同由合同标题、序文、正文、结尾四部分内容组成。

(1) 合同标题

合同标题指合同的正式名称，如×××园林工程施工合同。

(2) 合同序文

合同序文主要指包括合同主体双方（甲乙方）的正式名称、合同编号（序号）以及简要说明签订本合同的主要法律依据。

(3) 合同正文

合同正文是指合同的重要组成部分，其详细内容由以下15部分组成。

① 工程概况，含工程名称、地点、投资单位、建设目的、立项批文、工程量清单表。

② 工程造价，指合同价。即工程建设单位应支付给施工方按质量要求完工的施工费用。

③ 施工工期，指承包方完成工程施工任务规定的开、竣工日期期限。

④ 承包方式，指只包工不包料的清包方式，还是包工包料的完全承包方式。

⑤ 工程质量，指施工方必须达到的工程质量等级要求。

⑥ 技术资料交付时间，指设计文件、概预算及相关技术资料的提供时间。

⑦ 工程设计变更，指工程施工过程设计变更所涉及的造价增减处置条款。

⑧ 工程施工材料、设备的供应方式。

⑨ 工程施工定额依据及现场职责。

⑩ 工程款支付方式及结算方法。

⑪ 双方相互协作事项及合理化建议方式约定。

⑫ 注明工程保质养护范围、期限。

⑬ 工程竣工验收，包括验收内容、标准及依据，验收人员组成、验收方式及日期。

⑭ 工程移交，指工程通过建设单位的正式竣工质量验收后，按验收明细表交甲方。

⑮ 违约责任、合同纠纷及仲裁条款。

（4）合同结尾

注明合同的份数、存留和生效方式、签订日期、地点、法人代表签章，合同公证单位、合同未尽事项或补充条款等附件。

7.2 园林工程项目管理合同

7.2.1 项目管理合同的种类

（1）工程项目总承包合同

工程项目总承包合同是企业法人代表（公司经理）与项目经理之间签订的合同。

（2）分项工程作业承包合同

分项工程作业承包合同施工项目经理部与企业内部的水电、园林建筑、园林种植等以园林施工队为承包单位为完成相应任务而签订的承包合同。

（3）劳务合同

劳务合同施工项目经理部与企业内部劳务公司签订的提供劳务服务的合同。

(4) 其他合同

其他合同指施工项目经理部为完成施工项目所需的园林机械租赁、周转材料的租赁、原材料供应、周转资金的使用所签订的合同。这类合同是项目经理部与本施工企业的其他项目部或部门之间与外部生产要素市场各主体间、项目部各分项工程队之间等签订的合同，它是项目部生产要素的供求关系而形成的合同。

7.2.2 项目管理合同举例

(1) 工程项目总承包合同

该合同是公司经理代表企业与项目经理之间签订的合同。它是法人与自然人之间订立的合同。其主要内容如下。

① 承包指标。包括工程进度、工程质量、安全、利润等应达到的指标，以及工程项目名称、施工面积、产值、质量等级、竣工时间、形象进度、文明施工等项要求。

② 承包内容

a. 承包工程费用基数；

b. 年度利润指标及年度竣工面积；

c. 工资总额与超计划完成利润留成比例等。

③ 公司对项目经理的保包权利和责任

a. 材料、机械、机具的配套供应；

b. 图纸、技术资料的提供；

c. 劳务工种、专业的配套供应。

④ 项目经理的职责、权限、利益。

⑤ 考核与奖罚。包括应达到的安全、工程质量、竣工面积及形象进度、利润、文明施工等各项指标及奖罚金额。

⑥ 合同的生效日期。

⑦ 合同的总份数，双方各执份数。

⑧ 双方承包人、监证人签字及日期。

(2) 分项工程作业承包合同

分项工程作业承包合同是以分项工程作业承包队为一方，项目经理部为另一方所签订的承包合同。分项工程承包队是以单位工程为对象，以承包合同为纽带，从工程开工到竣工验收交付使用的全过程承包和管理。它既代表项目经理部对单位工程进行生产经营管理，又代表劳务队对生产工人实行劳务用工和施工管理，并伴随单位工程竣工交付使用而解体。分项工程承包合同的主要内容如下。

① 发包方、承包方名称及承包工程名称。

② 工程概况及承包范围：结构类型、建筑面积、总造价、合同期及开竣工日期、质量等级。

③ 承包费用及指标。

④ 考核与奖罚规定。

⑤ 双方职责。

⑥ 风险责任抵押金金额。

⑦ 其他规定。

⑧ 合同纠纷的解决与仲裁。

⑨ 合同总份数，双方各执份数。

⑩ 附生产计划总进度安排表，劳动力、材料、机具需求平衡计划表，重点部位安全、质量规范或交底书。

⑪ 当事人双方签字及日期。

(3) 劳务合同

劳务合同是项目经理部与企业内部作业承包队之间签订的合同。项目经理部是施工现场管理机构，而劳务作业承包队是公司内部工程队（或分公司）。劳务合同的主要内容有以下几方面。

① 订立合同单位的名称。

② 承建工程任务的劳务量及工程概况。具体包括：工程名称，结构形式，建筑面积，承包项目，计划用工数，提供劳动力人数，用工的进场、退场时间等。

③ 甲方（项目经理部）责任。为乙方提供施工图纸、技术资料、测试数据、材料性能及使用说明等；提供相应的施工原材料、大中型机械、机具；编制劳动力使用计划、制订安全生产管理办法

和提供安全防护设施；按期支付劳务费用；为乙方（劳务承包队）的正常作业提供生产、生活临时设施等。

④ 乙方（劳务承包队）责任。根据甲方（项目经理部）计划要求调配劳动力；全面负责本单位人员的生活服务管理和劳保福利；教育职工遵守甲方制定的安全生产、文明施工、质量管理、材料管理、劳动管理等各项规章制度；督促本单位人员做好产品自检、互检工作，保证工程质量；负责手工操作的小型工具、用具配备及劳保用品的发放；协助甲方做好劳务用工管理。

⑤ 劳务费计取和结算方式。

⑥ 奖励与罚款。

⑦ 合同未尽事宜的解决方式。

⑧ 合同总份数，双方各执份数。

⑨ 合同生效日期。

⑩ 双方签字及日期。

7.3 园林工程施工合同的履行、变更、转让和终止

7.3.1 园林工程施工合同的履行

(1) 园林工程施工合同的履行

园林工程施工合同履行是指合同当事人双方依据合同条款的规定，实现各自享有的权利，并履行各自承担的义务。当事人双方在履行合同时，必须全面地、善始善终地履行各自承担的义务，使当事人的权利得以实现，从而为社会各组织及自然人之间的生产经营及其他交易活动的顺利进行创造条件。就其实质来说，它是合同当事人在合同生效后，全面地、适时地履行合同所规定的义务的行为。合同的履行是合同法的核心内容，也是合同当事人订立合同的根本目的。

(2) 园林工程合同履行的原则

依照合同法的规定，合同当事人双方应当按照合同约定全面履

行自己的义务，包括履行义务的主体，标底的数量、质量，价款或报酬以及履行的方式、地点、期限等。

① 必须遵守诚信的原则。该原则应贯穿于合同的订立、履行、变更、终止全过程。当事人双方要互相协作，合同才能圆满地履行。

② 公平合理的原则。合同当事人双方自订立合同起，直到合同的履行、变更、转让以及发生争议时对纠纷的解决，都应当依据公平合理的原则，按照合同法的规定履行其义务。

③ 合同的当事人不得擅自单方变更合同的原则。合同依法成立，即具有法律约束力，因此，合同当事人不得单方擅自变更合同。合同的变更，必须按合同法中有关规定进行，否则就是违法行为。

7.3.2 园林工程施工合同的变更

合同变更是指已签订的合同，在尚未履行或尚未完全履行时，当事人依法经过协商，对合同的内容进行修改或调整所达成的协议。合同变更时，当事人应当通过协商，对原合同的部分内容条款做出修改、补充或增加新的条款。例如，对原合同中规定的标底数量、质量、履行期限、地点和方式、违约责任、解决争议的办法等做出变更。当事人对合同内容变更取得一致意见时并经双方确认方为有效。

当事人因重大误解、显失公平、欺诈、胁迫或乘人之危而订立的合同，受损害一方有权请求人民法院或者仲裁机构对合同做出变更或撤销合同中的相关内容的决定。

当事人要变更有关合同时，必须按照合同法、行政法规规定办理批准、登记手续，否则合同的变更不发生效力。

7.3.3 园林工程施工合同的转让

园林工程施工合同的转让分为债权人转让权利和债务人转移义务两种。但无论哪一种都必须办理批准、登记手续。债权转让是指园林工程施工合同债权人通过协议将其债权全部或者部分转让给第三人的行为，债权转让又称债权让与或合同权利的转让。债务转移，是指园林工程施工合同债权与第三人之间达成协议，并经债权人同意，将其义务全部或部分转移给第三人的法律行为。债务转移又称债务承担或合同义务转让。

《合同法》第八十七条规定："法律、行政法规规定转让权利或者转移义务应当办理批准、登记等手续的，依照其规定。"

7.3.4 园林工程施工合同的专利义务终止

（1）合同终止

合同终止是指合同当事人双方依法使相互间的权利义务关系终止，即合同关系消除。依据合同法第九十一条规定：有下列情形之一的，合同的权利义务终止。

① 债务已经按照约定履行；

② 债务相互抵消；

③ 债务人依法将标的物提存；

④ 债权人免除债务；

⑤ 债权债务同归于一人；

⑥ 法律规定或者当事人约定终止的其他情形。

但在现实的交易活动中，合同终止的原因绝大多数是属于第一种情形。

（2）合同解除

合同解除是指合同当事人依法行使解除权或者双方协商决定提前解除合同效力的行为。合同解除包括约定解除和法定解除两种类型。合同法第九十三条规定："当事人协商一致，可以解除合同。当事人可以约定一方解除合同的条件。解除合同的条件成熟时，解除权人可以解除合同。"所谓法定解除合同，是指解除条件由法律直接参与的合同解除。当事人在行使合同解除权时，应严格按照法律规定行事，从而达到保护自身合法权益的目的。

合同法第九十四条规定：有下列情形之一的，当事人可以解除合同。

① 因不可抗力致使不能实现合同目的。

② 在履行期限届满之前，当事人一方明确表示或者以自己的行为表明不履行主要债务。

③ 当事人一方迟延履行主要债务，经催告后在合理期限内仍未履行。

④ 当事人一方迟延履行债务或者有其他违约行为致使不能实现合同目的。

⑤ 法律规定的其他情形。

7.4 园林工程施工合同索赔

7.4.1 工程施工合同索赔概述

(1) 工程施工合同索赔概念及特点

① 施工索赔的概念。索赔是指在合同履行过程，一方当事人因对方不履行或未能正确履行合同所约定的义务而遭受损失后，向对方提出的补偿要求。索赔是合同当事人之间相互、双向的正当行为。

② 施工索赔的特点

a. 索赔是法律赋予双方的一种双向、正当的权利主张。

b. 索赔必须以法律和合同为依据。

c. 索赔必须建立在损害后果事实已客观存在的基础上。

d. 索赔应采用明示的方式，即应该有书面索赔文件，其内容和要求应该明确而肯定。

e. 索赔是一种未经合同另一方同意的单方行为。

(2) 工程施工索赔的作用及类型

① 施工索赔的作用

a. 对违约者起警戒作用，能够有效保证合同的履行。

b. 落实和调整双方的合同经济责任关系。

c. 维护合同当事人的正当权益。

d. 促进工程施工造价趋向更合理。

② 施工索赔的类型。施工索赔的类型，见表7-1所示。

表 7-1 施工索赔的类型

序号	分类依据	类型
1	按索赔当事人分类	承包人与发包人之间的索赔
		承包人与分包人之间的索赔
		承包人与供货人之间的索赔
		承包人与保险人之间的索赔
2	按索赔事件的影响分类	发包人未能按合同规定提供施工条件,导致工期拖延的索赔
		承包人在现场遇到不可预见的外部障碍或条件的索赔
		工程施工变更索赔
		因不可抗力影响、发包人违约,使工程被迫停止施工作业,并不再继续而提出的施工索赔
3	按索赔要求分类	工期索赔:要求发包人延长工期,推迟竣工日期
		费用索赔:要求发包人补偿费用损失,调整合同价格
4	按索赔所依据理由分类	合同条款索赔
		合同外索赔:指施工过程发生干扰事件的性质已经超出合同范围
		道义索赔:指由于承包人重大失误而向发包人恳请的救助
5	按索赔处理方式分类	单项索赔:是指针对某一项干扰事件发生时或发生后,向甲方提出的索赔
		总索赔:又叫一揽子索赔或综合索赔,即承包人将工程中未解决的单项索赔集中起来,提出一份总索赔报告,以一次性解决所有索赔问题的方案

7.4.2 工程施工索赔原因

(1) 索赔的原因

索赔属于合同履行过程的正常风险管理，其原因如下。

① 业主在起草、编制工程招标、合同文件中出现明显的错误或漏洞。

② 在工程建设市场长期处于买方市场态势下，因投标竞争的

需要，“以低价中标，靠索赔赢利”已经是司空见惯的事。

③ 单纯是发包人一方违约，如业主一方的工程师现场指示不当或工作不力等问题。

④ 不可预见事件的发生和影响。

（2）索赔成立的条件

承包施工方要求索赔成立，必须同时具备以下4个条件。

① 与合同相比，事实已经造成了施工方实际的额外费用增加或工期损失。

② 造成费用增加或工期损失的原因，不是由于施工方自身的原因所致。

③ 这种经济损失或权益损害也不是由施工方应承担的风险所造成。

④ 施工方在规定期限内，向发包方提交了书面索赔意向通知和索赔报告。

（3）施工项目索赔应具备的理由

施工项目索赔应具备的理由有以下几点。

① 发包方违反合同约定，给施工方造成的费用和时间损失。

② 因工程设计变更而造成的费用、时间损失。

③ 因监理工程师对合同文件的歧义解释、技术资料不确切，或由于不可抗力导致的施工条件改变，造成费用和时间的增加。

④ 发包方提出提前完成施工项目或缩短工期而造成的费用增加。

⑤ 发包方延误支付工程进度款项期限，造成施工方的损失。

⑥ 对合同约定以外的项目进行检验，且检验合格或非施工方原因导致项目缺陷的修复，所发生的经济损失或费用。

⑦ 非施工方原因导致的工程施工暂时停工。

⑧ 物价上涨，法规变化及其他原因。

（4）常见工程施工的合同索赔

常见工程施工的合同索赔，见表7-2。

表 7-2　常见工程施工的合同索赔

序号	合同索赔	
1	因合同文件引发的索赔	文件组成问题
		文件有效性，如设计图变更带来的重大施工后果
		图纸和工程量清单表中的错误
2	有关工程施工索赔	工程施工地质条件发生变化
		工程质量要求变更
		工程施工过程人为障碍
		额外的试验和检查费等
		变更命令有效期
		指定分包方违约或延误
		增减工程量
		其他有关工程施工方面的索赔
3	价款索赔	价格调整
		由于货币贬值和严重经济失调
		拖延支付工程进度款
4	工期索赔	延展工期
		因延误产生损失
		因赶工而发生的费用
5	特殊风险和不可抗力灾害的索赔	特殊风险
		不可抗力灾害
6	工程暂停、终止合同的索赔	暂停施工损失
		因终止合同
7	财务费用补偿的索赔	对财务费用的损失要求补偿，是指因各种原因导致承包施工方财务开支增大，从而造成贷款利息的财务开支，使承包施工方增大工程施工的间接成本

(5) 工程施工索赔的依据

① 合同条件。合同条件是索赔的主要依据，见表 7-3。

表 7-3 合同条件的索赔依据

序号	内容
1	合同书原件
2	中标通知书
3	投标书及附件
4	合同专用条款
5	合同通用条款
6	标准、规范及有关技术文件
7	设计图纸
8	工程量清单
9	工程报价单或预算书
10	在合同履行中，发包方、承包施工方有关工程施工的洽谈、变更等书面协议文件，均视为合同的有效组成部分

② 签订合同依据的法律、法规

a. 适用法律与法规：《合同法》《招标投标法》《建筑法》。

b. 适用标准、规范：《建筑工程施工合同示范文本》。

③ 其他相关证据指能够证明索赔事实的一切证明资料。包括：a. 书证；b. 物证；c. 证人证言；d. 视听材料；e. 有关当事人陈述；f. 鉴定结论；g. 勘验、检验笔录；h. 往来信函、会议纪要、施工现场文件、检查检验报告、技术鉴定报告；i. 作业交接记录，材料采购、订货、运输、进场、使用记录等；j. 会计核算凭证、财务报表资料，工程图片、录像等。

7.4.3 工程施工索赔处理

(1) 索赔处理的程序

在合同履行中处理每一个施工索赔事项，都应当按照工程施工索赔的惯例和合同的具体规定进行。承包施工方应按以下程序以书面形式向发包方提出索赔。

① 提出索赔申请。在索赔事件发生 28 天内，以书面形式向发包方提出索赔意向通知书。

② 报送索赔资料。提出补偿经济损失或延长工期的索赔报告及有关资料。

③ 发包方答复。在收到、审核承包施工方送交的索赔报告后，发包方应于28天内给予答复，或要求承包施工方进一步补充索赔理由和证据。发包方工程师在28天内未予答复或未对承包施工方作进一步要求，视为该项索赔已经认可。

④ 持续索赔。当索赔事件持续进行时，承包施工方应阶段性向发包方提出索赔意向。

⑤ 仲裁和诉讼。发包方与承包施工方就索赔未能达成共识，即可进入仲裁或诉讼程序。

(2) 编制索赔文件的方法

索赔文件由索赔通知书、索赔报告和附件组成。其编制方法如下。

① 索赔意向通知书内容

a. 索赔事件发生的时间、地点及工程部位。

b. 索赔事件发生时，在场的双方当事人或其他有关人员。

c. 索赔事件发生的原因和性质。

d. 承包人对索赔事件发生后的态度及采取的措施。

e. 说明事件的发生将会给承包人产生额外支出或其他不利影响。

f. 提出具体的索赔意向，并注明所依据的合同条款或法律、法规。

② 索赔报告内容

a. 标题。应能高度概括索赔事件的核心内容。

b. 总述部分。应准确地叙述索赔事件，包括事件发生的真实时间、过程，承包施工方付出的努力和增加的开支，以及具体索赔要求。

c. 论证部分。它是索赔报告的关键部分，应明确指出依据的合同具体条款或会议纪要等。

d. 索赔款计算部分。通过合理计算索赔应得的具体金额数量。

e. 证据部分。应保证引用证据的效力和可信程度，对重要证据应附有文字说明及确认件。

③ 附件指应含有索赔证据和详细的计算书。

（3）对施工索赔证据的要求

① 收集索赔证据的重要性。指索赔过程，对收集有效索赔证据的管理是不可忽视的工作。

② 索赔证据应具备有效性

a. 真实性。指索赔证据的客观存在。

b. 全面性。指提供的证据能说明索赔事件的全部内容。

c. 法律效力。指提供的证据必须符合国家法律的规定。

（4）发包方（业主）对索赔的审查处理

当发包方受理索赔管理部门对索赔额超过其权限时，应报请业主审查批准。业主首先根据索赔事件发生的原因、责任范围、合同条款，审核承包方的索赔申请和管理部门的处理意见，再依据工程建设目的、投资控制和竣工要求，以及针对承包人在施工中的缺陷或违反合同规定等相关情况，决定是否批准索赔要求。

（5）承包方是否接受最终索赔处理

承包方如果接受最终的索赔处理决定，索赔事件处理即告结束。若承包方不同意，就发生合同争议，甚至导致仲裁或诉讼法院裁决。为此，合同双方应争取以和谐协商的方式解决。

（6）施工索赔的解决途径

① 双方无分歧解决。

② 双方友好协商解决。

③ 通过调解解决。

④ 通过仲裁或诉讼解决。

7.4.4 施工承包人和工程发包人的索赔

7.4.4.1 施工承包索赔

（1）承包人索赔管理的方法

① 正确认识施工索赔的重要性。

a. 索赔是施工合同管理的重要工作环节。施工合同是索赔的依据，索赔的整个处理过程是履行合同的过程，也称为合同索赔。

管理日常单项索赔可由合同管理员完成；对重大、综合性索赔，应从工程日常文件资料中提供。因此索赔的前提是加强施工合同等资料的管理。

b. 索赔是促进施工计划管理的动力。在索赔过程中，必然要对原施工计划工期与实际工期、原计划施工成本与实际发生成本进行比较，可以看出实际工期和实际成本与两者原计划的偏离程度，就能理清施工索赔与计划管理之间的相互对比关系，即索赔是计划管理的动力。

c. 索赔是挽回施工成本损失的重要手段。指在发生索赔事件后，必然会导致增加施工成本的现象，就需重新确定工程成本，为此只有通过索赔这种合法手段才能做到。

② 努力创造索赔处理的最佳时机。索赔处理的最佳时机，是指承包人已施工完，工程得到业主的满意认可，即为提出索赔要求的成熟时机。为此，承包人创造工程施工索赔处理最佳时机的途径如下。

a. 认真履行合同规定的各项职责和义务。

b. 遵守诚信原则，全方位考虑双方利益。

③ 关注重大索赔，着重于实际损失

a. 关注重大索赔，指集中精力抓住索赔事件中影响力大、索赔额高的事例，而对小额索赔可采用灵活方式处理。

b. 着重于实际损失，就是在计算索赔额时应实事求是，不弄虚作假。

④ 收集索赔证据资料的原则性要求

a. 设立由专人负责、职责分工的工程施工索赔专门管理部门。

b. 建立健全工程施工文件档案的管理制度。

c. 对重大事件的相关资料应有针对性的收集管理。

⑤ 施工索赔常用的技巧和策略

a. 充分完善各项索赔准备，做到索赔有理、有力、有节。

b. 有的放矢，选准索赔目标。

c. 正确确定索赔数额。

d. 重视索赔时效。

（2）承包人防止和减少索赔的措施

① 规范投标工作指在工程投标过程，应通过公平、公正的投标行为，显示本企业的技术与管理能力，从而保证中标。即完善施工索赔的事前控制与管理，将索赔降至零或最少。

② 加强工程质量和工期管理

a. 加强施工质量管理。严格按设计、标准和规范要求进行施工作业，推行全面质量管理。

b. 有效控制施工进度。合理组织与管理工程施工，切实执行施工进度计划，有效防止承包人由于自身管理不善造成的工程施工进度延期。

③ 采取切实可行的成本控制措施。成本控制不但可以提高工程施工的经济效益，而且也为索赔打下扎实的基础。成本控制包括定期对成本进行核算和分析，严格控制开支。当发现某项工程费用超出预算时，应立即查明原因，采取控制措施。对计划外开支应提出索赔。

④ 有效实施合同管理。工程施工的实践表明，合同管理的水平越高，索赔的水平和成功率也就越高。合同管理内容有以下几点。

a. 实现工程管理上的“三大控制”，即施工质量、进度与成本控制。

b. 有利于进行合同分析、合同纠纷处理等工作，从而实现承包施工的目标。

c. 项目部应设置合同管理部门，其组织结构宜采用垂直式和矩阵式相结合的方式，垂直式可保证项目部经理对合同管理的直接监管，矩阵式可以使合同管理部门加强同其他部门的横向工作联系，有利于综合各部门的力量处理索赔事件。同时，合同管理部门还应经常与业主、监理单位、工程分包人进行广泛的联系和沟通，以便于及时总结和调整合同管理的重点工作。

⑤ 注重培养员工的索赔意识和素质。施工索赔是一门跨学科的综合性专业技术管理知识，涵盖园林工程施工技术、管理、成本、合同、法律、写作等多门专业知识。面对索赔过程的艰巨性和

复杂性，要求从事索赔管理的人员应具有以下意识和素质。

a. 培养与索赔相关联的合同、风险、成本、质量及进度意识和观念。

b. 学习和积累索赔的综合知识和技能。

c. 学习和掌握用于索赔交涉过程中的公关技巧和语言沟通、交流能力。

7.4.4.2 工程发包人索赔

(1) 发包人索赔的内容及方式

① 发包人向承包人索赔的内容有：工程质量索赔；工程进度索赔。

② 发包人向承包人索赔的方式：以书面通知承包人，并从应付工程款中扣除相应数额的款项；留置承包人在施工现场的各类型设施、设备和材料等。

(2) 发包人索赔的特点

① 索赔发生事例频率较低。

② 在索赔处理过程，发包人处于主动地位。

③ 索赔目的是获得保质、按期完工的工程，同时防止和减少工程建设投资损失的发生。

(3) 发包人索赔的处理方法和事项

① 以管为主，管帮结合。发包人应充分发挥监理单位对工程现场管理、控制的作用，促进承包人加强对工程施工的技术与管理力度，又要对承包人采取切实的指导、帮助措施。

② 索赔处理注意事项。发包人应注意慎重和不滥用扣款或留置物资的办法。

7.4.4.3 反索赔

(1) 反索赔的概念

反索赔是相对索赔而言，是对提出索赔方的反驳。发包人可针对承包人的索赔进行反索赔。承包人也可针对发包人的索赔进行反索赔。通常的反索赔主要指发包人向承包人的索赔。

(2) 反索赔的作用

① 成功的反索赔能减少和防止经济损失。

② 成功的反索赔能阻止对方的索赔要求。

③ 成功的反索赔必然促进有效索赔。

④ 成功的反索赔能增长管理人员的士气，推动工程建设施工工作的开展。

（3）反索赔的实施

实施反索赔，理想结果是对方企图索赔却找不到索赔的理由和根据，而己方提出索赔时，对方却无法推卸自己的责任，找不出反驳的理由。反索赔管理是一项系统工程，应始于合同签订，贯穿于整个合同履行的全过程。为此，应采取的有效管理措施和方法有以下几点。

① 为防止对方索赔，应签订对己方有利的施工合同。

② 认真履行施工合同，防止己方违约。

③ 发现己方违约，应采取的措施是：及时采取有效补救措施；及时收集有关资料，分析合同责任，测算给对方造成的损失数额，做到心中有数，以应对对方可能提出的索赔。

④ 合同双方都违约时，应抢先向对方提出索赔。

⑤ 反驳对方索赔要求的措施有：用己方的索赔对抗对方的索赔要求，最终使双方都做出让步；反驳对方的索赔报告，找出有力证据，说明对方的索赔不符合合同规定，没有根据，计算不准确等，从而使己方不受或少受损失。

（4）反驳对方的索赔报告

① 对索赔理由的分析：找到对己方有利的合同条款。

② 对索赔事件真实性分析：实事求是地认真分析对方索赔报告中证据资料的真实性，搜索反驳对方事实的依据。

③ 对索赔事件双方责任的分析：准确分析和确定双方各自应承担的违约责任。

④ 对索赔数额的计算：重点分析和计算索赔费用原始数据来源及计算过程是否正确，计算所用定额是否符合当地工程预算文件的规定。

（5）反索赔报告及其内容

反索赔报告是指合同一方对另一方索赔要求的反驳文件，其内容如下。

① 高度概括阐述对对方索赔报告的评价。

② 对对方索赔报告中的问题和索赔事件进行合同总体评价。

③ 反驳对方的索赔要求。

④ 发现有索赔机会，提出新的索赔。

⑤ 结论。

⑥ 附各种证据资料。

7.5 思考题

1. 什么是合同？园林工程合同的特点是什么？
2. 什么是合同终止？合同终止和合同解除有哪些区别？
3. 园林施工合同应该符合哪些原则？
4. 索赔处理的程序是什么？
5. 签订园林工程合同应符合哪些原则？

8 园林工程项目的竣工验收

8.1 园林工程项目竣工验收概述

园林工程竣工验收是施工单位按照园林工程施工合同的约定，按设计文件和施工图样规定的要求，完成全部施工任务并可供开放使用时，通过竣工验收后向建设单位办理的工程交接手续。

8.1.1 园林工程竣工验收的概念和作用

当园林建设工程按设计要求完成施工并可供开放使用时，承接施工单位就要向建设单位办理移交手续，这种接交工作就称为项目的竣工验收。因此竣工验收既是对项目进行接交的必须手续，又是通过竣工验收对建设项目的成果的工程质量（含设计与施工质量）、经济效益（含工期与投资数额等）等进行全面考核和评估。

园林建设项目的竣工验收是园林建设全过程的一个阶段，它是由投资成果转入为使用、对公众开放、服务于社会、产生效益的一个标志，因此竣工验收对促进建设项目尽快投入使用、发挥投资效益、全面总结建设过程的经验都具有很重要的意义和作用。

竣工验收一般是在整个建设项目全部完成后，一次集中验收，也可以分期分批组织验收，即对一些分期建设项目、分项工程在其建成后，只要相应的辅助设施能予配套，并能够正常使用的，就可组织验收，以使其及早发挥投资效益。因此，凡是一个完整的园林建设项目，或是一个单位工程建成后达到正常使用条件的就应及时地组织竣工验收。

8.1.2 园林工程竣工验收的内容和方法

园林建设项目竣工验收的内容因建设项目的不同而有所不同，一般包括以下 3 个部分。

（1）工程资料验收

工程资料验收包括工程技术资料、工程综合资料和工程财务资料的验收。

① 工程技术资料验收的内容

a. 工程地质、水文、气象、地形、地貌、建筑物、构筑物及重要设备安装位置、勘察报告、记录。

b. 初步设计、技术设计或扩大初步设计、关键的技术试验、总体规划设计。

c. 土质试验报告、基础处理。

d. 园林建筑工程施工记录、单位工程质量检验记录、管线强度和密封性试验报告、设备及管线安装施工记录及质量检查、仪表安装施工记录。

e. 验收使用、维修记录。

f. 产品的技术参数、性能、图纸、工艺说明、工艺规程、技术总结。

g. 设备的图纸、说明书。

h. 涉外合同、谈判协议、意向书。

i. 各单项工程及全部管网竣工图等资料。

j. 永久性水准点位置坐标记录。

② 工程综合资料验收内容。其内容包括项目建议书及批件、可行性研究报告及批件、项目评估报告、环境影响评估报告书、设计任务书，以及土地征用申报及批准的文件、承包合同、招标投标文件、施工执照、项目竣工验收报告、验收鉴定书。

③ 工程财务资料验收内容

a. 历年建设资金供应（拨、贷）情况和应用情况。

b. 历年批准的年度财务决算。

c. 历年年度投资计划、财务收支计划。

d. 建设成本资料。

e. 支付使用的财务资料。

f. 设计概算、预算资料。

g. 施工决算资料。

（2）工程验收条件及内容

国务院2000年1月发布的《建设工程质量管理条例》（第279号国务院令）规定，建设工程进行竣工验收时应当具备以下条件。

a. 完成建设工程设计和合同规定的各项内容。

b. 有完整的技术档案和施工管理资料。

c. 有工程使用的主要建筑材料、建筑构配件和设备的进场试验报告。

d. 有勘察、设计、施工、工程监理等单位分别签署的质量合格文件。

e. 有施工单位签署的工程保修书。

工程内容验收包括建筑工程验收、安装工程验收、绿化工程验收。

① 建筑工程验收内容。建筑工程验收，主要是运用有关资料进行审查验收，具体如下。

a. 检查建筑物的位置、尺寸、标高、轴线、外观是否符合设计要求。

b. 对基础及地上部分结构的验收，主要查看施工日志和隐蔽工程记录。

c. 对装饰装修工程的验收。

② 安装工程验收内容。安装工程验收是指建筑设备安装工程验收，主要包括园林中建筑物的上下水管道、暖气、燃气、通风、电气照明等安装工程的验收。应检查这些设备的规格、型号、数量、质量是否符合设计要求，检查安装时的材料、材质、材种，检查试压、闭水试验、照明。

③ 园林工程竣工验收主要检查内容

a. 对道路、铺装的位置、形式、标高的验收。

b. 对建筑小品的造型、体量、结构、颜色的验收。

c. 对游戏设施的安全性、造型、体量、结构、颜色的验收。

d. 检查场地平整是否满足设计要求。

e. 检查植物的栽植，包括种类、大小、花色等是否满足设计及施工规范的要求。

(3) 竣工验收方法

① 工程竣工项目和数量验收。园林工程建设单位组织的竣工验收组织，首先要对完工的竣工工程项目及工程量进行现场实地测量、计数验收。验收常用的方法如下。

a. 使用钢尺、测绳等器具测量。

b. 使用精密仪器，如罗盘、水准仪、经纬仪和全站仪等现场实况测量。

c. 人工对工程竣工成果进行现场实地详细的清点和计数。

不论使用哪种方法或器具验收，项目部都应该给予密切配合、积极合作，并与甲方验收组保持相同的验收详细记录内容。

② 工程质量验收方法。根据建设单位对园林工程招投标和工程承包施工合同的规定，以及竣工工程必须达到的质量等级要求，并参照国家或地方园林工程质量等级的评定标准，甲方工程竣工验收组会对待验收工程质量采用严格、分阶段、分项、分部位详细的现场勘测、验收和认定。

a. 隐蔽工程质量验收方法。园林工程属于隐蔽施工作业的项目贯穿于整个施工过程，其质量验收项目与内容繁多。如各类基础工程的地质、土质、标高、断面结构、地基、垫层等；混凝土工程的钢筋质量、规格、数量、布排结构、焊接接口工艺与位置，预埋件构造、操作工艺、质量、位置等；水电管网铺设的水电管线规格、作业工艺、质量、接口对接、管线防水保护等；绿化工程的挖坑换土规格、施放肥药量、乔木移植土球规格、栽植深度等。

对隐蔽工程施工质量各项目的验收方法有以下两方面。

• 项目部各施工队在对诸多隐蔽工程项目施工作业过程，要严格按照设计标准要求作业操作，并提前通知监理人员现场监督，若工序质量合格应请监理人员确认并签字，及时办理隐蔽工程施工现场签证手续。隐蔽工程施工作业现场记录应存档保管，竣工验收时以备查阅。

• 验收组对隐蔽工程施工的关键项目、部位要进行现场重点抽查和复验。具体方法很多，如人工挖开土层后进行观测和测量，或者采用仪器进行均匀布点取样探测、分析化验和数据统计，最后依据数据运算结果得出质量等级结论。

b. 单项、分项与分部工程质量验收方法。甲方竣工验收组对竣工工程的单项、分项与分部工程质量验收方法，属于隐蔽工程工艺、工序部分的质量验收一般参照上述隐蔽工程质量验收方法进行；属于非隐蔽的单项、分项和分部工程的质量验收，通常采取以下三种综合方法进行现场验收。

• 采用现场实体外表观测、测量与逐个计数等验收方式，并作详细记录。

• 对各项目实体实物的规格尺寸、结构构造、功能参数、安全系数和运行状态等质量数据，进行现场验证并作详细的验收记录。

• 查阅项目部各施工队的全部作业操作工序、工艺等技术管理记录。

验收组最后把所有的有关工程质量验收情况全部资料综合汇总，并对照有关国家或地方的工程质量标准，经综合评判或打分，即可得出该项园林工程竣工质量验收的等级结论。

8.1.3 园林工程竣工验收的依据和标准

(1) 园林工程竣工验收的基本条件

① 完成建设工程设计和合同约定的各项内容，达到使用要求，环境条件具备安全和绿化要求。

② 有完整的技术档案和施工管理资料。

③ 有工程使用的主要建筑材料、构配件、设备的进场实验报告。

④ 有勘察、设计、施工、监理等单位分别签署的质量合格

文件。

⑤ 有施工单位签署的工程保修书。

（2）园林工程竣工验收的依据

① 已被批准的计划任务书和相关文件。

② 双方签订的工程承包合同。

③ 设计图样和技术说明书。

④ 图样会审记录、设计变更与技术核定单。

⑤ 国家和行业现行的施工技术验收规范。

⑥ 有关施工记录和构件、材料等合格证明书。

⑦ 园林管理条例及各种设计规范。

（3）园林工程竣工验收的标准

园林建设项目涉及多种门类、多种专业，且要求的标准也各异，加之其艺术性较强，故很难形成国家统一标准。因此对工程项目或一个单位工程的竣工验收，可采用分解成若干部分，再选用相应或相近工种的标准进行。一般园林工程可分解为两个部分，即园林建筑工程和园林绿化工程。

① 园林建筑工程的验收标准。凡园林工程、游憩、服务设施及娱乐设施等建筑应按照设计图样、技术说明书、验收规范及建筑工程质量检验评定标准验收，并应符合合同所规定的工程内容及合格的工程质量标准。不论是游憩性建筑，还是娱乐、生活设施建筑，不仅建筑物室内工程要全部完工，而且室外工程的明沟、踏步斜道、散水以及应平整建筑物周围场地，都要清除障碍物，并达到水通、电通、道路通。

② 绿化工程的验收标准。施工项目内容、技术质量要求及验收规范和质量应达到设计要求、验收标准的规定及各工序质量的合格要求，如树木的成活率、草坪铺设的质量、花坛的品种、纹样等。

a. 园林绿化工程施工环节较多，为了保证工作质量，做到以预防为主，全面加强质量管理，必须加强施工材料（种植材料、种植土、肥料）的验收。

b. 必须强调中间工序验收的重要性，因为有的工序属于隐蔽性质，如挖种植穴、换土、施肥等，待工程完工后已无法进行检验。

c. 工程竣工后，施工单位应进行施工资料整理，做出技术总结，提供有关文件，于一周前向验收部门提请验收。提供有关文件如下。

- 土壤及水质化验报告。
- 工程中间验收记录。
- 设计变更文件。
- 竣工图及工程预算。
- 外地购入苗检验检疫报告。
- 附属设施用材合格证或试验报告。
- 施工总结报告。

d. 验收时间，乔灌木种植原则上定为当年秋季或翌年春季进行。因为绿化植物是具有生命的，种植后须经过缓苗、发芽、长出枝条，经过一个年生长周期，达到成活方可验收。

e. 绿化工程竣工后，是否合格、是否能移交建设单位，主要从以下几方面进行验收。

- 树木成活率达到95%以上。
- 强酸、强碱、干旱地区树木成活率达到85%以上。
- 花卉植株成活率达到95%。
- 草坪无杂草，覆盖率达到95%。
- 整形修剪符合设计要求。
- 附属设施符合有关专业验收标准。

8.1.4 园林工程竣工验收的准备工作

竣工验收前的准备工作是竣工验收工作顺利进行的基础，承接施工单位、建设单位、设计单位和监理工程师均应尽早做好准备工作。

（1）工程档案资料的内容

园林工程档案资料是园林工程的永久性技术资料，是园林工程项目竣工验收的主要依据。因此，档案资料的准备必须符合有关规定及规范的要求，必须做到准确、齐全，能够满足园林建设工程进行维修、改造和扩建的需要。一般包括以下内容。

① 部门对该园林工程的有关技术决定文件。

② 竣工工程项目一览表，包括名称、位置、面积、特点等。

③ 地质勘察资料。

④ 工程竣工图、工程设计变更记录、施工变更洽商记录、设计图样会审记录。

⑤ 永久性水准点位置坐标记录，建筑物、构筑物沉降观察记录。

⑥ 新工艺、新材料、新技术、新设备的试验、验收和鉴定记录。

⑦ 工程质量事故发生情况和处理记录。

⑧ 建筑物、构筑物、设备使用注意事项文件。

⑨ 竣工验收申请报告、工程竣工验收报告、工程竣工验收证明书、工程养护与保修证书等。

(2) 施工单位竣工验收前的自验

施工自验是施工单位资料准备完成后在项目经理组织领导下，由生产、技术、质量、预算、合同和有关的工长或施工员组成预验小组，根据国家或地区主管部门规定的竣工标准、施工图和设计要求、国家或地区规定的质量标准的要求，以及合同所规定的标准和要求，对竣工项目按工程内容，分项逐一进行全面检查。预验小组成员按照自己所主管的内容进行自检，并做好记录，对不符合要求的部位和项目，要制订修补处理措施和标准，并限期修补好。施工单位在自验的基础上，对已查出的问题全部修补处理完毕后，项目经理应报请上级再进行复检，为正式验收做好充分准备。

① 种植材料、种植土和肥料等，均应在种植前由施工人员按其规格、质量分批进行验收。

② 工程中间验收的工序应符合下列规定。

a. 种植植物的定点、放线应在挖穴、槽前进行。

b. 种植的穴、槽应在未换种植土和施基肥前进行。

c. 更换种植土和施肥，应在挖穴、槽后进行。

d. 草坪和花卉的整地，应在播种或花苗（含球根）种植前进行。

e. 工程中间验收，应分别填写验收记录并签字。

③ 工程竣工验收前，施工单位应于一周前向绿化质检部门提供下列有关文件。

a. 土壤及水质化验报告。

b. 工程中间验收记录。

c. 设计变更文件。

d. 竣工图和工程决算。

e. 外地购进苗木检验报告。

f. 附属设施用材合格证或试验报告。

g. 施工总结报告。

（3）编制竣工图

竣工图是如实记录园林场地内各种地上、地下建筑物及构筑物，水电暖通信管线等情况的技术文件。它是工程竣工验收的主要文件。园林施工项目在竣工前，应及时组织有关人员根据记录和现场实际情况进行测定和绘制，以保证工程档案的完备，并满足维修、管理养护、改造或扩建的需要。

① 竣工图编制的依据。其依据为原设计施工图、设计变更通知书、工程联系单、施工洽商记录、施工放样资料、隐蔽工程记录和工程质量检查记录等原始资料。

② 竣工图编制的内容要求

a. 施工中未发生设计变更、按图施工的施工项目，应由施工单位负责在原施工图纸上加盖“竣工图”标志，可将其作为竣工图。

b. 施工过程中有一般性的设计变更，但没有较大结构性的或重要管线等方面的设计变更，而且可以在原施工图上进行修改和补充的施工项目，可不再绘制新图纸，由施工单位在原施工图纸上注明修改或补充后的实际情况，并附以设计变更通知书、设计变更记录和施工说明，然后加盖“竣工图”标志，也可作为竣工图。

c. 施工过程中凡有重大变更或全部修改的，如结构形式改变、标高改变、平面布置改变等，不宜在原施工图上修改补充时，应重新绘制实测改变后的竣工图。由设计原因造成的，由设计单位负责重新绘制；由施工原因造成的，由施工单位负责重新绘图；由其他原因造成的，由建设单位自行绘制或委托设计单位绘制。施工单位负责在新图上加盖“竣工图”标志，并附以有关记录和说明，可作为竣工图。

竣工图必须做到与竣工的工程实际情况完全吻合，不论是原施工图还是新绘制的竣工图，都必须是新图纸。必须保证竣工图绘制质量完全符合技术档案的要求。坚持竣工图的校对、审核制度，重新绘制的竣工图，一定要经过施工单位主要技术负责人审核签字。

(4) 进行工程与设备的试运转和试验的准备工作

一般包括：安排各种设施、设备的试运转和考核计划；各种游乐设施，尤其关系到人身安全的设施，如缆车等的安全运行，应是试运行和试验的重点；编制各运转系统的操作规程；对各种设备、电气、仪表和设施做全面的检查和校验；进行电气工程的全面试验，管网工程的试水、试压试验；喷泉工程试水试验等。

8.1.5 园林工程竣工验收程序

(1) 工程竣工验收程序

根据园林工程施工规模大小及复杂程度，具体竣工程序可以适当调整，一般竣工验收的程序如图 8-1 所示。

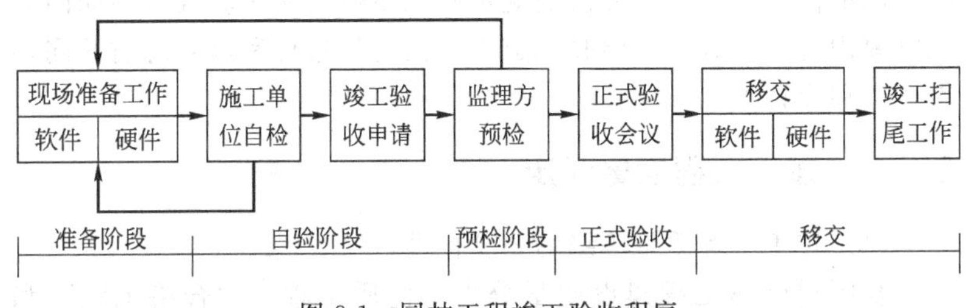

图 8-1　园林工程竣工验收程序

(2) 工程项目竣工验收

工程项目竣工验收工作通常分两个阶段，即初验（预验收）、正式验收。对于小型工程可直接进行正式验收。

① 初验（预验收）。当工程项目达到竣工验收条件后，施工单位在自检（自审、自查、自评）合格的基础上，填写工程竣工报验单，并将全部竣工资料报送监理单位，申请竣工验收。

监理单位在接到施工单位报送的工程竣工报验单后，由总监理工程师组织专业监理工程师依据有关法律、法规、工程建设强制性标准、设计文件、施工合同，对竣工资料进行审查，并对工程质量进行全面检查，对检查出的问题督促施工单位及时整改。对需要进行功能实验的工程项目，监理工程师应督促施工单位及时进行实验，并对实验情况进行现场监督、检查。在监理单位预验收合格后，由总监理签署工程竣工报验单，并向建设单位提出质量评估报告。

② 正式验收。建设单位在接到项目监理单位的质量评估报告和竣工报验单后，经过审查，确认符合竣工条件和标准，即可组织正式验收。

正式验收由建设单位组织设计单位、施工单位、监理单位组成验收小组进行竣工验收，对工程进行检查，并签署竣工验收意见。若是大中型项目，还要邀请计划、项目主管部门、环保、消防等有关单位及专家组成施工、设计、生产、决算、后勤等验收组进行验收。对验收中发现必须进行整改的质量问题，施工单位进行整改完成后，监理单位应进行复检。对某些剩余工程和缺陷工程，在不影响使用的前提下，由四方协商规定施工单位在竣工验收后限期内完成整改内容。正式竣工验收完成后，由建设单位和项目总监共同签署竣工移交证书。

8.1.6 竣工工程质量评定

(1) 竣工工程质量等级的划分标准

我国对园林工程建设质量分为“优质工程”“合格工程”和“不合格工程”3个等级。经竣工验收，质量等级评为“优质”与“合格”的工程可履行办理竣工总结算手续，属于质量验收“不合格工程”的，甲方不予或延期进行工程款总结算。

① 优质工程质量标准：经现场对工程内、外部的系统检验、测量、测试、分析和验证，并查阅技术资料，竣工工程所有项目的结构、性能、功能、美观指标等，100%符合和超过国家或地方政府颁布的质量标准、规程，工程施工技术与管理资料档案系统规范且完整，在施工全过程自始至终规范执行安全文明施工作业的各项的规定要求，并且达标。

② 合格工程的质量标准：经现场对工程内、外部的系统验收检验、测量、测试、分析和验证，查阅技术资料，竣工工程所有项目的结构、性能、功能、美观指标等，其中15%以上超过国家或地方政府颁布的质量标准、规程，85%以上符合或达到国家和地方政府颁布的质量标准、规程的要求，工程施工技术与管理资料档案基本做到系统、规范和完整，在施工作业全过程基本上能够执行安全文明施工作业的规定要求，未发生过严重的安全文明事故。

③ 不合格工程的质量标准：通过对工程内、外部的系统验收检验、测量、测试、分析和验证，查阅技术资料，包括工程的结构、性能、功能、美观指标等，其中14%（含14%）以上不符合和未达到国家和地方政府颁布的有关质量标准、规程和要求，且安全文明施工管理存在极大疏漏，发生和出现过违反安全文明施工规定的现象和事故。应评为质量“不合格工程”。

（2）竣工工程质量评定

对竣工的园林工程进行质量等级评定，一般由工程竣工验收组全体成员在对工程现场及其技术资料档案等全面验收后，根据收集到的竣工工程综合信息和对信息统计、分析、计算结果，按施工技术工艺的水平、工程整体质量水平、隐蔽工程质量、工期进度、植物成活保存、安全文明施工、技术资料档案等项目，分别对其质量效果进行打分及评定。

在施工技术与管理全过程，对全部施工项目都做到了认真负责，注重施工细节、工作到位、措施得力，工程质量各项指标数据都超过设计或国家质量标准或规定，并且始终做到了安全文明施工，竣工工程质量应为“优质工程”；如果全部工程完成的符合设计要求和现行质量标准，且做到了安全文明施工，竣工工程质量应为“合格工程”；如果全部施工项目整体质量上与设计、合同规定的质量要求有较大出入，且14%（含14%）以上的质量指标不能满足使用功能的需求，还有过不安全文明施工的行为或记录，工程质量应评定为“不合格工程”。

园林工程竣工验收组成员对竣工工程质量等级进行评定打分的办法是：采取无记名打分方式，“优质工程”打5分；“合格工程”打4分；“不合格工程”打3分。最后按加权统计，通过计算即可获得各项竣工工程的质量等级评定结果。

8.2 园林工程项目的交接

园林工程竣工验收及质量评定工作结束后，园林建设单位的投资建设已经完成，园林工程即将投入使用，发挥预期的功能作用。在这一阶段，承接施工单位应抓紧处理工程遗留的问题，尽快将合格的工程交给建设单位；建设单位也应积极准备接收的条件，完善有关接收手续；监理公司应督促双方尽快完成收尾和移交工作。

园林工程项目的交接具体包括工程移交、技术资料移交和其他移交工作。

(1) 工程移交

工程通过验收后，在实际工作中验收委员会发现的一些存在的漏洞需要完善。因此，监理工程师要与施工单位协商有关收尾的工作计划，以便确定正式办理移交。当移交清点工作结束后，监理工程师签发工程移交证书（表8-1），工程移交证书一式三份，建设单位、承接施工单位、监理单位各一份。工程交接结束后，承接施工单位即应在合同规定的时间内撤离工地，临时建设设施、工具、机械要撤走或拆迁，并对现场做好环境清理。

表 8-1　竣工移交证书

工程名称__________合同号__________监理单位__________

致__________建设单位：

兹证明____________________号竣工报验单所报工程____________________，工程已按合同和监理工程师的指示完场，从____________________开始，该工程进入保修阶段。

附注：(工程缺陷和未完工程)

监理工程师：　　　　日期：

总监理工程师的意见：

签名：　　　　日期：

注：本表一式三份，建设单位、承接施工单位和监理单位各一份。

(2) 技术资料移交

园林工程建设的技术资料是工程档案的重要部分，因此在正式验收时应该提供完整的技术档案。技术资料包括建设单位、监理单位和施工单位三方面的来源，统一由施工单位整理，交给监理工程师校对审阅，确认符合要求后，再由承接施工单位按要求装订成册，备足份数，统一验收保存，具体内容见表 8-2。

表 8-2　工程移交档案资料

序号	工程阶段	移交档案资料内容
1	项目准备及施工准备	①申请报告，批准文件
		②有关建设项目的决议、批示、会议记录
		③可行性研究，方案论证资料
		④征用土地、拆迁、补偿等文件
		⑤工程地质(含水文、气象)勘察报告
		⑥概预算
		⑦承包合同、协议书、招投标文件
		⑧企业执照及规划、园林、消防、环保、劳动等部门审核文件

续表

序号	工程阶段	移交档案资料内容
2	项目施工	①开工报告
		②工程测量定位记录
		③图纸会审、技术交底
		④施工组织设计等材料
		⑤基础处理、基础工程施工文件
		⑥施工成本管理的有关资料
		⑦建筑材料、构配件、设备质量保证单及进场试验记录，绿化苗木、花草质量检验单
		⑧栽植的植物材料名录、栽植地点及数量清单
		⑨各类植物材料已采取的养护措施及方法
		⑩古树名木的栽植地点、数量、已采取的保护措施等
		⑪假山等非标工程的养护措施及方法
		⑫水、电、暖、气等管线及设备安装工程记录和检验记录
		⑬工程变更通知单、技术核定单及材料代用单
		⑭工程质量事故的调查报告及所采取的处理措施记录
		⑮分项、单项工程(包括隐蔽工程)质量验收、评定记录
		⑯项目工程质量检验评定及当地工程质量监督站核定的记录。其他材料(如施工日志、施工现场会议记录)等
		⑰竣工验收申请报告
3	竣工验收	①竣工项目的验收报告
		②竣工决算及审核文件
		③竣工验收的会议文件、会议决定
		④竣工验收质量评价
		⑤工程建设的总结报告
		⑥工程建设中的照片、录像以及领导、名人的题词等
		⑦竣工图(含土建、设备、水、电、暖、绿化种植等平面图、效果图、断面图)

(3) 其他移交

为确保工程在生产或使用中保持正常运行，监理工程师还应督促做好以下移交工作。

① 提供使用保养提示书，园林工程中的一些设施、仪器设备等的使用性能和正确使用的操作、维护措施。

② 各类使用说明书以及装配图纸资料。

③ 交接附属工具配件及备用材料。

④ 厂商及总、分包承接单位明细表，以便以后在使用过程中出现问题能找到施工人员了解情况或维修。

⑤ 抄表，工程交接中，监理工程师应协助建设单位与承接施工单位做好水表、电表以及机电设备内存油料等数据的交接，以便双方财务往来结算。

8.3 思 考 题

1. 工程项目竣工验收工作通常分为哪两个阶段？
2. 工程竣工验收都包含哪些内容？
3. 如何编制竣工图？
4. 竣工工程质量评定的标准是什么？
5. 工程移交档案资料应该包含哪些内容？

9 园林绿化工程项目管理

9.1 园林绿化工程施工管理的原则

园林绿化工程施工前必须认真阅读园林种植设计图并了解施工要求，细致勘察施工场地，掌握施工的基础材料，为了保证施工质量，应遵循以下原则。

(1) 符合设计要求

施工人员应了解设计意图，理解和识读设计图纸，并严格按照设计图纸进行施工，这样才能取得最佳效果。

(2) 必须熟知施工对象

掌握各种乔、灌木及花草的生物学特性及施工现场的状况，因为不同植物对环境条件的要求和适应能力各不相同。根系再生力强的植物（如杨、柳等）栽植后容易成活，一般可裸根栽植，管理可粗放些；而一些常绿植物，尤其是常绿针叶树种，根再生能力差一些，则必须带土坨栽植，管理上要求更严格。又如土质条件好，即土层深厚、水分条件好，栽后易成活；反之如土质条件差、土层薄或碱性大的地块，则采取相应措施方能取得成效。

(3) 抓住适宜的栽植季节，合理安排施工进度

各种花草树木均有其最适合的栽植季节，不能随意确定栽植时间。在北方地区，栽植一般以春季为佳，但因栽植种类不同，也有先后早晚的差异。如栽植针叶树在早春至土层将化未化时带土坨栽

植最好，而阔叶树可以稍晚，草花类可在5月后定植，草坪铺栽可延后6月乃至7～8月均可。

（4）严格执行施工操作规程

对临时施工人员要予以培训。施工时技术人员要亲临现场进行技术指导，发现不规范操作，要及时纠正。

（5）在施工和管理过程中要做到生态功能与艺术功能的统一

在保证植物移植成活率的前提下，不能忽视园林艺术功能的发挥，园林绿化工程区别于普通植树造林的关键是要实现园林设计者的艺术思想。在后期管理阶段更要注重园林树木、花、草的观赏价值的发挥，通过种植设计、造型修剪等技术来渲染园林作品的多种功能。

（6）加强施工工序的质量管理

绿化工程对象是活的有生命力的材料，在工序设计上必须实事求是，不能随意套用其他工程管理程序。在质量管理上绿化工程已走上了工程监理制度，但许多工程还没有达到这一水平。为了保证工程的质量，必须分步质量管理，及时发现不足，以免造成更大损失。

城市建设综合工程中的绿化种植应在主要建筑物、地下管线、道路工程等主体工程完成后进行，但从绿化工程建设周期和养护阶段的再创造特点出发，部分绿化工程应先行建筑工程验收，以保证建筑附属绿化工程的施工质量，验收由绿化主管部门、施工单位和工程监理公司或监察部门共同参与。绿化工程先行开工建设，建设成型后与建筑物同时发挥作用，防止建筑使用多年而留作绿化的用地杂草丛生或是牵强附会，达不到总体设计效果。

总体来看，绿化工程施工及养护的是有色彩、有生命的工程，不同的施工对象、不同的施工时间和地点有不同的技术措施。但大体上是统一的，在宏观上应加强对绿化工程施工的调控，微观上加强施工技术管理，从而保证绿化工程的施工质量，创造出既符合生态要求，又注重景观建设，同时体现人文关怀的高质量、高品位的优质绿化工程。

9.2 园林绿化养护管理

9.2.1 乔灌木栽植后的养护管理

树木定植结束后，应尽快开展栽后养护管理工作。养护管理工作是树木成活的后期保障，主要包括支撑、浇水、围护等。

（1）固定支撑

绿化工程施工中，胸径 5cm 以上的乔木需要设置支撑固定，固定物应整齐、美观、实用。由于各地的风向不同，风力大小也不同，要根据当地的风力实际情况采取支撑固定方式。一般采用支柱固定，有的地方采用拉绳固定。不管采用何种方式，都应达到固定树干的目的。支撑物一般需要设置到树木完全成活、靠自生根能固定位置后才可以撤走，防台风、海风的水泥桩则是永久设置。

支柱的材料各地不同，一般采用当地比较廉价、生长快的杨柳枝干为主，也可用竹竿、水泥柱、铁管等材料。单支柱一般是在台风来向立水泥杆或在下风方向立斜柱支撑；双立柱用横杆与树干固定；三脚架或三角拉绳要根据风向设计角度（图 9-1）。不管何种支撑物，与树干接触的部位抗风能力最强，接触部位（图 9-1）须用胶皮或麻片包裹，防止摩擦刻伤树皮。

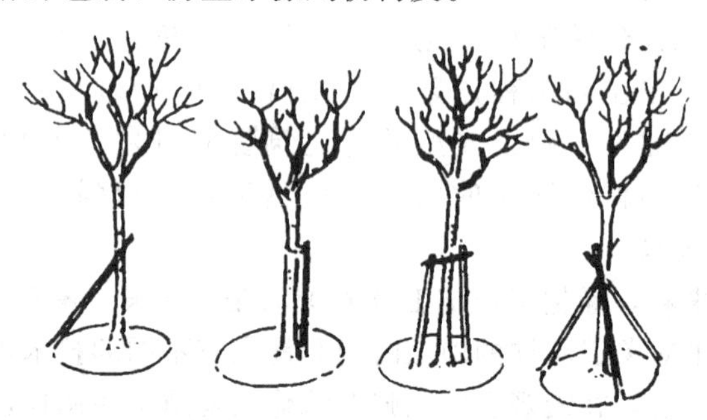

图 9-1 树木支架方式示意

（2）浇水

也称浇定根水，水是树木栽植后第一需要的成分，树木栽植后

24h内必须浇定根水，且要浇透。定植后要浇3次透水，每次间隔2～3天，之后稍缓，使土壤增加通气，但不能出现干旱，树坑表层土壤略干即可再次浇水，等树木地上地下水分通畅后再间隔一段时间给水。头三次水每次都要检查围堰和树干，围堰不能漏水，浇水前检查补漏，由于浇水后土壤下沉，树根松动，树干歪斜，要及时调整，及时填土扶正。

已绑缚草绳的树干，浇根水同时也要给干皮浇水。绿篱及片林绿植图案可以按沟灌、畦灌方式给水，也要做好畦埂，畦内高度一致，浇水均匀。

(3) 干冠保护

落叶乔木树干是失水的重要渠道，定植后要将树干用湿草绳缠绕或用塑料条绑缚，减少水分散失，同时也减少人为、机械、动物意外损伤。常绿树木在气温较高的季节栽植时，树冠需用遮阳材料围拢，以减少蒸腾。

绿篱及片林绿植图案的冠幅上面用遮阳网或草帘覆盖，减少光照和蒸腾，提高空气湿度。

在干旱地区，为了减少蒸腾，栽植后在树干、树冠上喷施抗蒸腾剂，对提高树木移栽成活率也很有利。

(4) 地面保护

浇完头三次水后，需要一次中耕，用锄头或铁锹对围堰内的表层土壤浅层松动，切除土壤毛细管，减少蒸发。在缺水干旱地区适宜地膜覆盖技术，在浇完一次透水后，培土扶正，保留围堰，在树坑上面用地膜封盖，上面填浮土压风，一方面保水，另一方面可以提高地温，加快根系活动。

在人流量较大的街道或游览区域，树木栽植后的树穴经常被践踏踩实，应加设树穴护盖或树池透气护栅，避免人为践踏，既防践踏又保持树穴通气的材料有水泥护板、铁箅子、塑胶合成树栅、河卵石等。

秋季植树施工随天气渐冷，土壤需水减少，在浇完防冻水后，应将围堰土填到树坑内，可以高出地面20～30cm，既可保持土壤水分又能保护树根，防止风吹根系失水。

(5) 清理验收

树木栽植工程从场地清理到树木栽植成活需要很长时间，短则3个月，长则3年，根据承包合同，进入养护阶段后，可以初步验收。验收前要对施工场地的枯枝残树彻底清走，假植备用树也要采取保活措施，树木浇水围堰整齐，养护时间较长的可以封堰，支撑物结合紧密牢固。

在树木栽植工程中，验收主要看设计意图实现情况及树木栽植成活率。

除了现场验收外，施工过程也是重要的验收内容。因此，只有严格按施工工序操作，每道工序完工后，经监理检查认可签字后，方可移交下一道工序继续施工。逐道工序交接、检查环环相扣，才能保证施工质量。

9.2.2 大树移植后的养护管理

大树栽植后第一年是其能否成活的关键时期，移植后的合理养护是促进树木吸收水分和养分、正常进行生理活动的关键环节，在成活阶段越早恢复生理活动的大树，成活机会越大，发挥景观作用也越早。

(1) 支撑固定

定植完毕后应及时进行树体固定，即设立支柱支撑，以防地面土层湿软，大树遭风袭导致歪斜、倾倒，根系与土层的紧密接触有利于根系生长、提高根系的固持能力和吸收能力。一般采用三柱支架三角形支撑固定法，确保大树稳固。支架与树皮交接处可用厚胶皮或麻包片等作为隔垫，以免磨伤树皮。通常在2年后大树根系恢复良好再撤除支架。

(2) 浇水与控水

大树移栽后应立即浇一次透水，以保证树根与土壤密实接触，促进根系发育。一般春季栽植后，应视土壤墒情每隔5～7天浇一次水，连续浇3～5次。生长季节移栽的大树则应缩短间隔时间、增加浇水次数，如遇特别干旱天气，进一步增加浇水次数。

浇水要掌握“不干不浇，浇则浇透”的原则，水不是越多越好，如浇水量过大，反而因土壤的透气性差、土温低和有碍根系呼吸等缘故影响生根，严重时还会出现沤根、烂根现象，因此要适当控水，见干见湿。对排水不良的种植穴，可在穴底铺 10～15cm 沙砾或铺设渗水管、盲沟，以利排水，提高土壤中的氧气含量。

为了有效促发新根，可结合浇水加施 2mg/kg 的 NAA 或 ABT 生根粉。

（3）树体保湿及遮阳

大树移栽后树木开始进行生理活动，根系吸水同时枝干树叶在蒸腾水分，由于蒸腾方式与温度、光照、湿度等关系密切，蒸腾量大于吸水量是大树死亡的重要原因。通过控制蒸腾，增加地上干冠的湿度，可以有效抑制水分过度散失。主要方法有以下几种。

① 包裹树干。为了保持树干湿度，减少树皮水分蒸发，可用浸湿的草绳从树干基部缠绕至顶部，再用调制好的泥浆涂糊草绳，以后时常向树干喷水，使草绳始终处于湿润状态。干旱地区可以先用草帘将树干包好，然后用细草绳将其固定在树干上，接着用水管或喷雾器将稻草喷湿，继之用塑料薄膜包于草帘或稻草外，最后将薄膜捆扎在树干上。树干下部靠近土球处让薄膜铺展开来，再将基部覆土浇透水后，连同干蔸一并覆盖地膜。地膜周边用土压好，这样可利用土壤温度的调节作用，保证被包裹树干空间内有足够的温度和湿度，省去补充浇水之劳作。

② 架设荫棚。天气变暖气温回升后，树体的蒸发量逐渐增加，此时，应在树体的三个方向（留出西北方，便于进行光合作用）和顶部架设荫棚，荫棚的上方及四周与树冠保持 50cm 左右的距离，既避免了阳光直射和树皮灼伤，又保持了棚内的空气流动以及水分、养分的供需平衡。为不影响树木的光合作用，荫棚可采用 70%的遮阳网。10 月以后天气逐渐转凉，可适时拆除荫棚。实践证明，在条件允许的情况下，搭荫棚是生长季节移栽大树最有效的树体保湿和保活措施。

③ 树冠喷水。移栽后如遇晴天，可用高压喷雾器对树体实施喷水，每天喷水 2～3 次，一周后，每天喷水一次，连喷 15d 即可。对名优和特大树木，可每天早晚各向树木喷水一次，以增湿降温。

为防止树体喷水时造成移植穴土壤含水量过高，应在树盘上覆盖塑料薄膜。如条件许可，可采用自动或半自动喷灌设施，在大树的树冠内膛或外缘安装喷头，连接胶管，用水泵或高压喷雾器供水，效果更好。

④ 喷抑制剂。蒸腾抑制剂能减少枝叶的蒸腾量，市场上有各类园林植物的适用剂型和用量，农业上常用的抗旱剂（如“旱地龙”等）也具有抑制植物蒸腾的功用。蒸腾抑制剂不能过量或频繁使用，否则蒸腾作用的降温能力受到严重抑制，叶面就会出现日灼伤害。

（4）地面覆盖

覆盖栽植穴表面也是减少水分蒸发的一个措施，主要是减缓地表蒸发，防止土壤板结，以利通风透气。通常采用麦秸、稻草、锯末等覆盖树盘，在干旱缺水地区，地膜覆盖是较好的措施，既保水又提高地温，但要控制浇水量，改善地下通气条件。大面积移植工程可以采用“生草覆盖”，即在移栽地种植豆科牧草类植物，在覆盖地面的同时，既改良了土壤，又可抑制杂草，一举多得。

（5）抹芽去萌

移栽的大树成活后会萌出大量枝条，此时要根据树种特性及树形要求及时抹除干及主枝上不必要的萌芽。经过缩剪处理的大树，可从不同角度保留3～5个粗壮主枝，在每一主枝上保留3～5个侧枝，以便形成丰满的树冠，达到理想的景观效果。部分落叶乔木靠树干自身养分能萌发大量枝叶，叶片过多蒸腾量大，消耗养分多，可摘叶的应摘去部分叶片，但不得伤害幼芽。

（6）松土除草

浇水、降雨以及游人践踏等因素可导致树盘土壤板结，影响树木根系环境通透性。应定期进行适度松土，但松土不能太深，以不伤及根为准。特殊名木古树应在定植时埋设氧气输送管，定期向根系深处供氧，提高根系活动能力。

经过几个月的养护后，在树木根盘以上会长出许多杂草，应及时除掉，时间长了也会与树木争夺水分和养分，部分藤本植物还会攀爬到树干上，与树木争夺阳光和养分。结合松土除草及施肥浇水是比较好的联合操作，将除下的草覆盖在树盘上，既遮阳又肥土。

(7) 施肥打药

移栽后的大树萌发新叶后，可结合浇水施入以氮肥为主的氮磷钾复合肥，浓度一般为0.2%～0.5%，如施尿素每株用量为0.1～0.25kg，当年施肥1～2次，9月初停止施肥。也可喷施叶面肥，将0.2kg尿素溶入100kg水中，喷施时间要选择在晴天的7:00～9:00进行，此时段的树叶活力强，吸收能力好。

栽后的大树因起苗、修剪造成各种伤口，加之新萌的树叶幼嫩，树体抵抗力弱，故较易感染病虫害，若不注意防范，很可能置树木于死地。可用“多菌灵”或“托布津”、“敌杀死”等农药混合喷施，病虫联防，在芽萌动期和展叶期及时喷施一次，基本能达到防治目的。例如，春季移栽大桧柏时，一定要在栽后喷药防治双条杉天牛及柏肤小蠹等。

(8) 越冬防寒

北方的树木特别是带冻土移栽的树木，移栽后需要泥炭土、腐殖土或树叶、秸秆以及地膜等对定植穴树盘进行土面保温，早春土壤开始解冻时，再及时将保温材料撤除，以利于土壤解冻，提高地温，促进根系生长。此外，大树移栽后，两年内应配备工人进行修剪、抹芽、浇水、排水、设风障、包裹树干、防寒、防病虫、施肥等一系列养护管理，在确认大树成活后，才能进行正常管理。

正常季节移栽的树木要在封冻前浇足浇透封冻水，并及时进行干基培土（培土高度30～50cm）。9～10月份进行干基涂白，涂白高度1.0～1.2m。涂白剂配方为：新鲜生石灰5kg，盐2.5kg，硫黄粉0.75kg，油100mg，水20kg。立冬前用草绳将树干及大枝缠绕包裹保暖，既保湿又保温。对新植的雪松等抗寒性较差的大树，移栽当年冬季必须搭防风障进行防寒保护。新植大树的防寒抗冻措施必须精心操作，尤其是南树北移的树种，更应格外注意，以防前功尽弃。遇有冰雪天气，要及时扫除穴内积雪，特别寒冷时，还可采用覆盖草木灰等办法避寒，针叶树可在树冠喷洒聚乙烯树脂等抗蒸腾剂。

(9) 输液促活

对栽后的大树可采用输液方法进行树体内部给水，能解决移栽大树的水分供需矛盾，促其成活。输入的液体既可使植株恢复活力，又可激发树体内原生质的活力，从而促进生根萌芽，提高移栽成活率。

在植株基部用木工钻由上向下成45°的输液孔3～5个，深至髓心。输液孔的数量和孔径大小应与树干粗细及输液器插头相匹配，输液孔水平分布均匀，垂直分布交错。输液溶液配制应以水为主，同时加入微量植物激素和矿质元素，每升水溶入ABT6号生根粉0.1g和磷酸二氢钾0.5g，注入型活力素也可用作输液剂。将装有液体的瓶子悬挂在高处，并将树干注射器针头插入输液孔，将安装好的针头插入髓心层或形成层，再用胶布贴严插孔，拉直输液管，打开输液开关，液体即可输入树体。待液体输完后，拔出针头，用消毒后的棉花团塞住输液孔（再次输液时夹出棉塞即可）。输液次数及间隔时间视天气情况和植株需水情况确定，大部分地区从4月份就可开始输液，9月份植株完全脱离危险后结束输液，并用波尔多液涂封输液口。

所输溶液的配制要先进行分析，大树生长不良是缺乏何种营养引起，然后对症下药。输液的时间在树木生长期的各个阶段均可进行，最好在根系生长期或大树生长不良时，如枝叶枯黄卷曲萎蔫、树势弱、不萌芽或不抽枝时进行抢救治疗，切记在症状表现的初期输液效果明显。

9.2.3 草坪的养护管理

绿化工程施工中的草坪养护管理主要是成坪管理，即从草坪播种或栽植完成后，经过一系列养护管理，使草坪草萌发、分蘖发枝长成幼坪，继而形成具有观赏或运动功能的成熟草坪的过程。俗话说“三分种，七分管”，也体现了草坪施工的特点，草坪建植是“种”的过程，其后的成坪管理是“管”的过程。“管”的过程相对“种”来讲具有时间长、工序多的特点，建植工作都做好了，轻视养护管理，草坪也很难成型；同样，如果种植环节不到位，养护管理工作难度就大，有的时候很难成坪。一般来讲，草坪的养护管理工作主要有浇水、覆盖物揭盖、除杂草、施肥、修剪、病虫防治等项目。

(1) 浇水

浇水是草坪养护管理的首要措施，不管采用哪种方法建植后，都要及时浇水，浇水量以不形成径流为度，尤其刚播完或栽完的草坪，浇水强度必须小，防止降水对种子种苗的冲刷移位，待种子萌发或种苗生根后可以适当加大强度。人工水管或水枪喷灌式浇水，必须做好雾化处理，防止出水口直接冲刷播种面。雨季要结合天气调整浇水次数，以土壤保持湿润为度。在出苗的几天内要小心浇水，不能用大水冲刷，也不要浇水过多，以免延迟出苗。出苗后适当控制浇水次数，利于蹲苗，促进根系通气环境改善，利于分蘖。

随着幼苗的成长，根系吸水能力提高，草坪浇水量加大，但次数应减少，适度干旱地表。浇水一般不要在中午进行，以清晨或上午为好。

(2) 覆盖物揭盖

覆盖在草坪出苗阶段是重要的保护措施，尤其干旱地区覆盖物是必不可少的，对保水、保温、遮阳、防冲刷都具有重要作用，但出苗或发根后，覆盖物就成为障碍因素。因此，覆盖物在播种幼坪草苗达到立针阶段或70%草已长出时覆盖草帘就应揭去。揭覆盖物时尽可能向上抬起，不要拖曳，防止折断幼苗。揭覆盖物的时间以下午或晚上为好，揭后第2天上午要喷水保湿。对于局部未出齐的地块可以延后揭除。

(3) 除杂草

杂草是草坪管理工作中比较长期而艰难的任务，施工养护阶段的除杂对日后草坪的管理非常重要，同时对成坪质量也有非常大的影响。因此，无论从哪方面考虑，除杂草都是重要且必须及时开展的一项工作。杂草比草坪长得快，因此，揭掉覆盖物后马上就应开展一次幼苗期除杂，做到“除早、除小、除了”，为以后的除杂减轻压力。由于杂草萌发的分期分批性，要求除杂工作也要分期开展。一般情况下草坪除杂的幼苗期以人工除杂最彻底，即使到成坪后期，人工除杂也是效果最好的。双子叶杂草可以采用化学除草措施，营养繁殖建坪可以采用机械结合人工除草措施。

（4）施肥

成坪养护阶段一般要施肥3～4次，习惯上分别称为“断奶肥”“分蘖肥”“镇压肥”“壮枝壮蘖肥”等。

“断奶肥”是出苗后的立针阶段，帮助幼苗自胚乳（或子叶）供给养分过渡到幼苗“自养”阶段施的一次速效肥，主要作用是补充这一阶段幼苗扎根壮苗的养分，有利于根系发育和幼叶扩展，提高自养能力，此时肥量不能过大，以叶面喷施速效肥料为好。如尿素、磷酸二氢钾按1∶1混合，配制成0.1%～0.2%的水溶液，揭去覆盖物后于上午9:00前或下午15:00后喷施，喷后遇到雨天应补喷一次。

“分蘖肥”是在草坪草3～4片叶期施用的促进分蘖的肥料，此阶段是次生根形成和根颈分蘖芽的重要阶段，适时追肥有利于幼坪快速覆盖地面。这一阶段的肥料仍以速效肥为好，肥量适当增加，按5～8g/m^{2}施用，叶面喷施以尿素、磷酸二氢钾按1∶1混合，配制成0.1%～0.2%的水溶液为好，如果结合土壤进行，可以将硝酸铵和磷酸二氢钾按1∶1比例混合后与细沙土混拌一起，再撒施到草坪表面，施肥后要浇水。

“镇压肥”是指草坪镇压后，草坪草根、茎、叶受到创伤，适量补充肥料利于草坪草恢复生长，促发新枝叶。以氮肥为主，施用尿素、硝酸铵均可，按5～8g/m^{2}粒施后配合浇水。

“壮枝壮蘖肥”于分蘖分枝中期草坪覆盖率在70%左右时施用，此时草坪生长加快，需要养分多，适当补充肥料有利于分枝壮苗。这阶段的肥料以复合肥为好，不能单纯施用氮肥，防止徒长或局部旺长，出现“深绿斑”。施肥量根据原来土壤肥力情况控制，一般按5～10g/m^{2}施用。

（5）修剪、滚压

在幼坪阶段一方面要促进草坪草的快速生长，同时也要考虑地上地下营养调控措施，抑制枝叶旺长，促进网络层和植绒层的发育，加速幼坪向成坪发展。幼坪采用滚压在先，通常在 3～4 叶时开始第一次滚压，压滚重控制在 50～200kg，滚压前适度控水，土壤干湿适度，以后每长 1～2 片叶可进行一次滚压。

首次剪草应掌握好时间，一方面看草坪覆盖情况，达到 80%以上才能进行；另一方面看草坪高度，一般草坪留茬高度在 3～6cm，根据草种品种特点，确定留茬高度，超过标准留茬高度达 1/3时即可进行修剪。首次修剪留茬高度选适宜留茬范围上限为好，利于草坪恢复生长，促发新枝。待草坪覆盖度达到或接近 100%后，按设计高度再剪一次，在两次修剪之间可以加一次滚压。每次修剪后要结合浇水和施肥。

（6）病虫防治

幼苗阶段是草坪草发生病虫害较多的一个时期，尤其雨季建坪更易出现病虫害。幼坪阶段的病虫害仍以防为主，应密切观察幼草的地上和地下发育情况，及时发现病虫发生的苗头，及早对症下药才能见效。管理措施是抑制病害发生的关键，防止积水、防止施肥过多、及时拔除杂草等措施是预防病虫害发生的有利前提。幼苗期要注意地下害虫发生，通常夜间出来活动的害虫不易发现，因此要进行夜间观察。

9.2.4 屋顶绿化的养护管理

（1）浇水

屋顶绿化的灌溉要根据具体情况来定，检查基质的湿润情况或直接看植物材料的叶部表现来判断是否缺水，一般 3～5d 补充一次水分，如果有蓄水装置，浇水间隔时间还可更长。要根据季节和气候确定浇水时间和次数。

（2）施肥

屋顶绿化一般施肥较少，多数情况下采用控肥控制生长的措施，防止植物生长过旺，以便减少养护成本。但屋顶绿化与普通园林绿地有差异，基质中营养缺乏，无法从地下吸收营养物质，只有外来施肥才能解决营养不足的问题。多数采用无机肥料，如硝酸铵、过磷酸钙、硫酸亚铁、磷酸二氢钾等。

(3) 整形修剪

屋顶绿化植物材料不能让其随意生长，多数情况下要进行整形处理，控制基本形态，剪除多余枝叶，要根据植物的生长习性而定。

(4) 病虫防治

应采用对环境无污染或污染小的防治措施，人工结合化学防治措施进行，生物防治如果应用得当是最好的方法。

(5) 防风防寒

应根据植物抗风性和耐寒性的不同，采取搭风障、设防寒罩和包裹树干等措施进行防风防寒处理。

(6) 补充轻质培养土

由于风大，雨水多，栽培基质会逐渐减少，因此，过一定时间后，要补添基质材料，达到原来设计高度。

9.3 园林绿化植物保护的综合管理

(1) 园林绿地植物保护效果要求

① 现场面貌。植物体各组织、器官完整、健壮（无咬口、蛀孔、缺刻、穿孔、坏死或变色病斑等），表面没有排泄物、煤污、菌丝体、子实体，外形不畸变（瘿瘤、萎缩、扭曲）。

地面没有致病菌丝体（白绢病、紫纹羽病），无明显土道、甬道（根颈部），无排泄物，无附着病原物、害虫休眠体的枯枝落叶，无病原、虫原的枯死或垂死的朽木或待处理的立木。

土壤根系无病态根瘤、根结、腐朽病菌和高等担子菌的子实体等。

不存在病虫残余活体，不同休眠状态的菌丝体、子实体，不同虫态的休眠体。

不存在恶性杂草，任意生长杂草，无香附子、莲子草（水花生）等。

② 综合效益，保护生态环境，对空气、土壤、水质、天敌以

及有益生物的影响。

维护社会效益，对群众生活、行业内外的相处和反应。

耗物耗资，在完成同一任务中，用工用物量，增产增值数对机具的维修保养程度。

（2）园林绿地植物保护的考核计量

① 受害程度的表达。不分病原，不分害虫种类，只考核植物本身受害、受损、影响观瞻者，以及有重大影响的病虫休眠体基数。

② 计量依据。植物各部位的受害状，由食叶性害虫造成的缺刻、穿孔、黏缀；刺吸性害虫引起的失绿、白斑、排泄物、煤污；钻蛀性害虫引起的蛀孔、排泄物、枯萎；根部害虫造成的萎蔫；真菌引起的病斑（溃疡、枯萎、腐烂）；细菌形成的腐烂；根、根颈（含露根）及根际松土层的休眠病、虫原。

③ 计量单位。分受害叶率（%）、受害株率（%）及病虫休眠体和活虫头数。难以叶、株率计算者，以造成空、秃面积或比例计量。

（3）园林绿地植物保护的取样方法和评价

① 取样方法。每一单位或每一个地区（处）从有代表性的好、中、差 3 处取样。

取样方法有随机取样、对角线或棋盘式取样、行植者定距间隔取样 3 种。取样数依树木、花卉种类和考核内容而定。

② 记分和得分。将各级记分相加，除以记分的次数，即为考核的得分；将各类（树坛、花坛等）得分平均，即为该单位或该地区的园林植保得分。

③ 分级。分 3 个等级。一级：在允许受害范围内，得保护分 90～100 分；二级：有一定受害程度要扣分，得保护分 60～90；三级：为保护不合格，得 59 分以下。

（4）园林绿地植物保护分类考核标准

根据上海市《园林植物保护技术规程》，植物保护分类考核可分为 3 级。园林绿地植物保护管理可以参考以下标准记分和得分。一级为允许范围，可得满分，二级为要扣分的等级，三级为不合格。

① 行道树和树坛植保：取样取有代表性的好、中、差3条道路，任意取或等距间隔取，如每隔5～10株取1株；树坛，每单位取3个不同树种组合或地区的树坛；取样数，总数在50株以下者取1/4～1/2。也适用于孤立乔木。

② 花坛和花灌木植保考核标准：定量间隔取样，或棋盘式取样；少于取样数时全取。也适用于草、木本、一年生、二年生、多年生球、宿根花卉。

③ 绿篱植物植保考核标准：取样以主要绿篱树种为主，分3处，每处定量间隔或连续取样。绿篱含落叶、常绿、观花、观果用作绿篱的植物。

④ 地被、草坪植保考核标准：取样应取好、中、差3处有代表性的植物，任意取或等距间隔取，或在总数在规定数以下全取。地被植物含矮生、匍匐性花灌木。

⑤ 藤本、攀援植物植保考核标准：取样方法应取好、中、差3处。害虫活体包括休眠的茧、蛹、卵等。

⑥ 专用绿地植保考核标准：为便于群众掌握，考核以株害率为主。取样取好、中、差3处平均。记分以程度衡量。

9.4 园林工程的回访、保活养护与保修

园林工程项目交付使用后，在一定期限内施工单位应到建设单位进行工程回访，对该项园林建设工程的相关内容实行养护管理和维修。在回访、养护和保修的同时，进一步发现施工中的薄弱环节，以便总结施工经验，提高施工技术和质量管理水平。

(1) 回访

回访是指在工程交付使用后，承建单位为了了解工程项目在使用过程（保修期内）中存在的问题，进行的后续服务工作。回访的一般程序是由建设单位派相关技术人员、生产施工人员参加，并委派部门领导带队，到使用单位通过座谈会或现场查问、落实措施等

形式开展，根据回访发现问题、协商解决办法，并将回访过程和发现问题登记存档。

回访的主要方式有季节性回访、技术性回访、保修期满前的回访、绿化工程的日常管理养护回访等。

(2) 保活养护

园林绿化工程栽植的树木、花卉、草坪等植物材料，除了竣工验收时必须达到一定指标外，一般还要进行后续1～3年的保活养护，一般是技术指导为主，少数工程要求全面具体养护，在保活期内出现的效果减退、枯萎、死亡等现象，要进行鉴定分析，属于施工单位的原因就需重新补植，属于使用单位的原因则另当别论。对于签订保养3年后再验收决算的项目，除使用单位造成的不良后果外，出现问题都应由承建单位负责。

(3) 保修

凡是园林施工单位的责任或者由于施工质量不良而造成的问题，都应该实行保修。

保修时间应从竣工验收完毕的次日算起，保修期限因工程项目而定，具体按承包合同为准。

保修期内的经济责任要根据修理项目的性质、原因、内容以及合同要求的标准来定，多方因素造成的损失，要由施工单位、建设单位及使用单位会同监理工程师共同协商，特殊情况还需行业鉴定评估部门认定责任。

9.5 思考题

1. 园林绿化工程施工管理的原则是什么？
2. 园林绿化为什么要进行养护管理？
3. 大树移植后应该如何进行浇水与控水管理？
4. 草坪养护应该如何进行病虫防治？
5. 大树移植后应该如何进行树体保湿及遮阳？

参 考 文 献

[1] 刘义平．园林工程施工组织管理．北京：中国建筑工业出版社，2009.

[2] 李永红．园林工程项目管理．北京：高等教育出版社，2014.

[3] 王良桂．园林工程施工与管理．南京：东南大学出版社，2009.

[4] 吴立威．园林工程施工组织与管理．北京：机械工业出版社，2010.

[5] 龙岳林．园林建设工程管理．北京：中国林业出版社，2009.

[6] 李忠富．建筑施工组织与管理．北京：机械工业出版社，2010.

[7] 刘邦治．管理学原理．上海：立信会计出版社，2008.

[8] 王瑞祥．现代企业班组建设与管理．北京：科学出版社，2008.

[9] 李敏，周琳洁．园林绿化建设施工组织与质量安全管理．北京：中国建筑工业出版社，2008.